数字摄影测量及无人机数据处理技术

丁 华　李如仁　徐启程　著

中国建材工业出版社

图书在版编目（CIP）数据

数字摄影测量及无人机数据处理技术/丁华，李如仁，徐启程著．--北京：中国建材工业出版社，2018.12（2023.2重印）
ISBN 978-7-5160-2477-5

Ⅰ.①数…　Ⅱ.①丁…②李…③徐…　Ⅲ.①无人驾驶飞机—航空摄影测量—数字摄影测量　Ⅳ.①P231

中国版本图书馆 CIP 数据核字（2018）第 281494 号

内 容 简 介

本书紧密结合数字摄影测量及无人机数据处理的工程实践，全面、系统地论述了数字摄影测量及无人机数据处理技术的原理、关键技术、精度分析等方面内容。本书共分 7 章，第 1 章～第 3 章分别介绍了摄影测量中的重要概念和公式、空中三角测量基础、无人机技术概述等内容；第 4 章重点介绍了数字摄影测量数据处理的总体流程、关键技术、主要精度指标等重要内容；第 5 章对无人机数据处理技术进行了论述，包括影像 POS 数据读取、空三加密、数据处理质量报告等关键内容；第 6 章对数字摄影测量平台和无人机数据处理软件进行了全面的对比分析；第 7 章对数字摄影测量及无人机技术进行了总结和展望。

本书是数字摄影测量及无人机数据处理技术实践成果与经验的总结，对从事数字摄影测量及无人机技术研究和设计的科技人员有重要的参考价值，亦可作为数字摄影测量及相关专业的教学参考书。

数字摄影测量及无人机数据处理技术
丁 华　李如仁　徐启程　著

出版发行：中国建材工业出版社
地　　址：北京市海淀区三里河路 11 号
邮　　编：100831
经　　销：全国各地新华书店
印　　刷：北京雁林吉兆印刷有限公司
开　　本：787mm×1092mm　1/16
印　　张：7.25
字　　数：170 千字
版　　次：2018 年 12 月第 1 版
印　　次：2023 年 2 月第 5 次
定　　价：**45.00 元**

本社网址：www.jccbs.com，微信公众号：zgjcgycbs

前　言

摄影测量学的发展经历了模拟摄影测量、解析摄影测量和数字摄影测量三个阶段，目前已经进入数字摄影测量时期。而近十年来开始崛起的无人机技术解决了数字摄影测量技术发展的瓶颈问题——数据不易获取，并且以方便、快捷和灵敏的特点，成为低空数字摄影测量发展的一个重要方向。数字摄影测量及无人机技术作为一门新兴的技术，在建筑、测绘、环境监测等方面将发挥越来越重要的作用。数字摄影测量及无人机数据处理技术能快速生成大比例尺地形图、构建3D模型，与建筑信息模型（BIM）相结合还可以生成室内外一体化、微观与宏观相结合的3D景观图。因此，对数字摄影测量和无人机数据处理技术进行从理论到实践的详细分析和研究是十分必要的。

本书全面、系统地论述了数字摄影测量及无人机数据处理技术的原理、关键技术及精度分析等方面内容。全书共7章：第1章对摄影测量及无人机技术的发展进行了概述，并介绍了本书主要的研究内容；第2章和第3章为摄影测量、数字摄影测量及无人机基础介绍；第4章除了介绍数字摄影测量中影像定向技术及DEM、DOM和DLG制作的关键技术，还对基于MapMatrix平台的无人机小数码影像完整解决方案进行了详细的介绍和分析；第5章利用Pix4Dmapper平台对无人机数据生产一体化流程进行介绍，分析数据处理的关键技术并对结果进行了精度分析；第6章对无人机数据处理软件与数字摄影测量平台的数据处理技术进行对比，分析其优缺点，为选择合理的无人机数据处理方案提供技术支持；第7章则对数字摄影测量及无人机技术进行了总结和展望。全书图、表、文、实例兼顾并举，对从事数字摄影测量及无人机数据处理技术研究和设计的科技人员有重要的参考价值，亦可作为数字摄影测量及相关专业的教学参考书。

本书在编写过程中还邀请了李如仁、徐启程、刘玉梅、王欣、杨大勇及张丹华等老师参与，在此表示感谢！此外，本书在编写过程中参考了国内外许多同行的著作，在此向各位作者表示感谢！由于作者水平有限，书中难免有欠缺之处，也请读者朋友多提宝贵意见。

丁　华

2018年10月

目　录

第1章　绪　论

1.1　引　言

摄影测量发展到今天，已经进入了它的第三个阶段——数字摄影测量阶段，数字摄影测量的许多概念，以及它对整个地理信息产业的影响，都远远超过模拟摄影测量到解析摄影测量的变革。数字摄影测量是指基于摄影测量的基本原理，应用计算机技术提取所摄对象，并用数字方式表达其几何与物理信息的测量方法。数字摄影测量利用一台计算机，加上专业的摄影测量软件，就代替了过去传统的、所有的摄影测量的仪器，其中包括纠正仪、正射投影仪、立体坐标仪、转点仪、各种类型的模拟测量仪以及解析测量仪。数字摄影测量的发展使计算机不仅可以代替人工进行大量的计算，而且已经完全可能代替人眼来识别同名点，从而为摄影测量开辟了真正的自动化道路。数字摄影测量因其对现代测绘产生的深远的影响，成为国际公认的地球空间数据获取的重要手段，为地理信息系统（GIS）数据的获取注入了新的活力，也是三维建模重要的数据源。

传统的航空摄影测量对外界条件的依赖性较大，相关工作的开展也很繁琐，难以满足人们对影像数据的实时性和时效性要求，因此基于无人机的摄影测量技术得以广泛应用。无人机摄影测量系统是指采用无人飞行器作为遥感平台进行低空监测和摄影测量的系统，早期由于受控制、导航和通信等关键技术的制约，以及成本造价、领空安全等问题的影响，无人机的发展一直较为缓慢。近年来，随着计算机技术的发展以及各种新型传感器不断面世，无人机本身性能不断提高，无人机技术得到迅速的发展。无人机航空摄影测量技术作为一种新型的摄影测量技术，融合了航空摄影技术、移动测量技术、数字通信技术等一系列新兴技术，具有时效高、分辨率好以及较低的成本和风险、可重复性等传统数字摄影测量所无法比拟的优势。目前无人机航空摄影测量技术已成为现今获取地理数据常用的技术手段，并广泛应用于国防、城市规划、灾害监测、道路安全控制等方面。

数字摄影测量数据处理一直是数字摄影测量学习的难点和重点，而新兴的无人机数据处理技术刚刚起步，虽然两者有很多相似之处，但是由于传统的航摄像片和数码无人机影像还是有很大的区别，因此它们在数据处理上还存在一些差异。为了推广数字摄影测量和无人机技术，提高航摄数据使用的广泛性，本书系统地介绍了数字摄影测量基本原理及方法、无人机技术基础，并结合部分工程实例对数字摄影测量数据和无人机数据处理的关键技术进行了详细的阐述，并对比分析了两者的不同之处。

1.2 摄影测量发展概述

摄影测量的发展经历了以仪器为主的模拟摄影测量，理论与仪器并重的解析摄影测量及基于计算机技术的数字摄影测量三个阶段。每个发展阶段都受时代和当时技术水平的影响，具有各自的特点。下面对摄影测量的三个发展阶段进行介绍。

1. 模拟摄影测量

从 1839 年科学家发明摄影术算起，摄影测量已经有一百五十多年的历史，但将摄影学真正用于测量的是法国陆军上校劳赛达特，他在 1851—1859 年提出和进行了交会摄影测量。空中拍摄地面的照片，最早是 1858 年纳达在气球上获得的，而 1903 年莱特兄弟发明飞机后，才使航空摄影测量成为可能。第一次世界大战中，第一台航空摄影机问世后，航空摄影测量成为 20 世纪以后大面积测制地形图最有效的快速方法。我国航空摄影测量始于 1930 年，但进入兴旺发达时期则是 1949 年新中国诞生以后的事。

模拟摄影测量是在室内利用光学的或机械的方法模拟摄影测量过程，恢复摄影时像片的空间位置、姿态和相互关系，建立实地的缩小模型，即摄影过程的几何反转，再在该模型的表面进行测量。模拟摄影测量所得结果，通过机械或齿轮传动方式直接在绘图桌上绘出各种地形图与专题图，模拟摄影测量的成果大多是纸质的线划地图。该方法主要依赖于摄影测量内业测量设备，研究的重点主要放在仪器的研制上。在这一时期，摄影测量工作者们都发自内心地拥护 30 年代德国摄影测量大师 Gruber 的一句名言，那就是："摄影测量就是能够避免繁琐计算的一种技术。"这句话的含义就是利用光学-机械模拟装置，实现复杂的摄影测量解算。这一时期摄影测量的发展主要围绕昂贵的摄影测量仪器（图 1-1），但模拟测图仪体积庞大，设备十分昂贵，除此之外模拟摄影测量还有成图慢、效率低、操作繁琐、对操作人员要求高等缺点，导致摄影测量难以普及，很大程度上限制了摄影测量学的发展。模拟摄影测量直到 20 世纪 70 年代，一直占据摄影测量的主要市场。

图 1-1　模拟立体测图仪

2. 解析摄影测量

在模拟摄影测量仪器大量研制的时期，丘尔奇在 20 世纪 30 年代就开始研究解析法空间前方交会、后方交会和双点交会，但由于当时是用手摇计算机迭代计算，速度与效益均达不到实际的应用。随着计算机技术的飞速发展，解析摄影测量进入全盛时期，20 世纪 50 年代发展了解析空中三角测量，我国 20 世纪 60 年代初期也开始了此项工作的起步。1957 年，海拉瓦博士提出利用电子计算机进行解析测图的思想，随着计算机的发展，经历了 20 年的研究和试用，到 20 世纪 70 年代中期解析测图仪才进入实用阶段。1976 年德国欧波同厂首次推出 Planicomp C100 解析测图仪，1980 年瑞士威尔特和克恩厂也相继推出各自生产的解析测图仪。解析测图仪逐渐取代模拟测图仪，成为 20 世纪 80 年代摄影测量发展的主流。

解析测图仪相比模拟测图仪体积和重量都减小了，同时配有一台计算机（图 1-2）。解析测图仪与模拟测图仪的主要区别在于：前者使用的是数字投影方式，后者使用的是模拟的物理投影方式，由此导致仪器设计和结构上的不同；前者是由计算机控制的坐标量测系统，后者是使用纯光学、机械型的模拟测图装置；此外，两者的操作方式也不同，前者是计算机辅助的人工操作，后者是完全的手工操作。解析摄影测量未能完全摆脱模拟摄影测量技术，计算机必须与一台小型模拟摄影测量仪相连接，共同完成一项摄影测量任务，但解析摄影测量的效率大大提高了，同时也能生产简单的数字产品。

图 1-2 解析测图仪

3. 数字摄影测量

摄影测量发展的第三个阶段就是数字摄影测量。数字摄影测量是指从摄影测量与遥感所获取的数据中，采用数字摄影影像或数字化影像，在计算机中进行各种数值、图形和影像处理，以研究目标的几何和物理特性，从而获得各种形式的数字化产品和目视化产品。数字化产品包括数字地图、数字高程模型（DEM）、数字正射影像（DOM）、测量数据库等。目视化产品包括地形图、专题图、剖面图、透视图、正射影像图、电子地图、动画地图等。

数字摄影测量的发展源于摄影测量自动化的实践，即利用相关技术，实现真正的自动化测图。摄影测量自动化是摄影测量工作者多年来所追求的理想，最早涉及摄影测量自动化的研究可追溯到 1930 年，但并未付诸实施。直到 1950 年，由美国工程兵研究发展实验室与 Bausch and Lomb 光学仪器公司合作研制了第一台自动化摄影测量测图仪。这一时期，摄影测量工作者也试图将由影像灰度转换成的电信号再转变成数字信号（即数字影像），然后由电子计算机来实现摄影测量的自动化过程，美国于 20 世纪 60 年代初研制成功的 DAMC 系统就是属于这种全数字的自动化测图系统。武汉测绘科技大学王之卓教授于 1978 年提出了发展全数字自动化测图系统的设想方案，并于 1985 年完成了全数字自动化测图软件系统 WuDAMS。国内典型的数字摄影测量系统是航天远景公司开发的 MapMatrix 平台（图 1-3），航天远景公司是 2004 年成立的一家从事摄影测量专业软件研发、提供空间信息数字化解决方案、提供数字城市综合解决方案以及 4D 产品制作的公司，也是国内研发数字摄影测量平台的最主要公司之一。

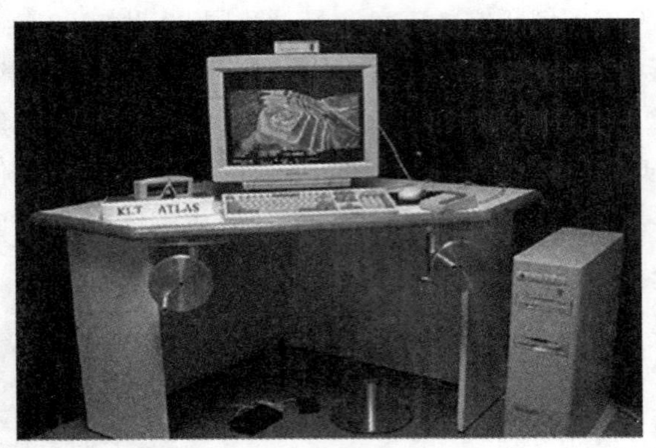

图 1-3　数字摄影测量工作站

随着计算机技术及其软件的发展以及数字图像处理、模式识别、人工智能、专家系统以及计算机视觉等学科的不断发展，数字摄影测量的内涵已远远超过了摄影测量的范围。数字摄影测量与模拟摄影测量、解析摄影测量的最大区别在于：它处理的原始信息不仅可以是像片，更主要的是数字影像（如 Spot 影像）或数字化影像；它最终是以计算机视觉取代人眼的立体观测，因而它使用的仪器最终只能是计算机及其相应外部设备；数字摄影测量的产品更加丰富，它可以生产 4D 产品，即 DEM（数字高程模型）、DOM（数字正射影像）、DLG（数字线划产品）和 DRG（数字栅格产品）。数字摄影测量由于不需要笨重的模拟测图仪，其设备的体积和价格也大幅下降，但成图的精度和速度却大大提高了。数字摄影测量更多地依赖软件系统（数字摄影测量系统），而不是计算机硬件，目前数字摄影测量已经完全取代模拟摄影测量和解析摄影测量，成为摄影测量发展的主流。

1.3　无人机技术发展概述

无人机技术的发展经历了萌芽期、发展期和蓬勃期三个阶段，目前无人机技术已经成为摄影测量发展的一个重要方向，也是空间数据快速采集的主要方法之一。

1. 萌芽期

1917 年，皮特·库柏（Peter Cooper）和埃尔默·A·斯佩里（Elmer A. Sperry）发明了第一台自动陀螺稳定器，这种装置使得飞机能够保持平衡地向前飞行，无人飞行器自此诞生。这项技术成果将美国海军寇蒂斯 N-9 型教练机成功改造为首架无线电控制的不载人飞行器（Unmanned Aerial Vehicle，简称 UAV）。1935 年之前的空中飞行器飞不回起飞点，因此也就无法重复使用。“蜂王”号无人机（图 1-4）的发明，保证无人机能够回到起飞点，使得这项技术更具有实际价值。“蜂王”号无人机的最高飞行高度为 17000 英尺（约合 5182m），最高航速为每小时 100 英里（约合 160km），在英国皇家空军服役到 1947 年。“蜂王”号无人机的问世才是无人机真正开始的时代，它可以说是近现代无人机历史上的“开山鼻祖”。随后无人机被运用于各大战场，执行侦察任务，然而由于当时的科技比较落后，无法出色完成任务，所以无人机逐步受到冷落，甚至被军方弃用。

图 1-4 “蜂王”号无人机

2. 发展期

1986 年 12 月首飞的“先锋”系列无人机（图 1-5），为战术指挥官提供了特定目标以及战场的实时画面，执行了美国海军“侦察、监视并获取目标”等各种任务。这套无人定位系统的花销很小，满足了 20 世纪 80 年代美国在黎巴嫩、格林纳达以及利比亚以低代价开展无人获取目标的要求，并首次投入实战。“先锋”系列无人机现在仍在服役，通过火箭助力起飞，起飞重量为 416 磅（约合 189kg），航速为每小时 109 英里（约合 174km），飞机能够漂浮在水面，并且通过海面降落进行回收。这个时期美国也研发了“幻影”系列无人机（图 1-6），RQ-7B 幻影是无人机家族中最小的一个，被美国陆军和海军陆战队用于伊拉克和阿富汗战场，这个系统能够定位并识别战术指挥中心 125km 之外的目标，让指挥官的观察、指挥及行动都更加敏捷。

图 1-5 “先锋”系列无人机

图 1-6 “幻影”系列无人机

3. 蓬勃期

21 世纪初，由于原来的无人机个头较大，目标明显且不易于携带，所以研制出了“迷你”无人机，机型更加小巧、性能更加稳定，用一个背包就可装下。同时无人机更加优秀的技能，催发了民用无人机的诞生。2006 年影响世界民用无人机格局的大疆无人机公司成立，先后推出的 phantom 系列无人机（图 1-7），在世界范围内产生了深远影响。2009 年，美国加州 3DRobotics 无人机公司成立，这是一家最初主要制造和销售 DIY 类遥控飞行器（UAV）的相关零部件的公司，在 2014 年推出 X8＋四轴飞行器后而名声大噪，目前已经成长为与中国大疆相媲美的无人机公司，同年一款用于自拍的无人机 Zano 诞生，曾经被称为“无人机市场上的 iPhone”。2015 年是无人机飞速发展的一年，各大运营产商融资成功，为无人机的发展创造了十分有利的条件，还上线了第一个无人机在线社区——“飞兽社区”，同年美国 Qualcomm 公司相继推出自己的无人机开发平台，作为该公司布局 IOT（物联网）生态圈的重要一环。

图 1-7　phantom 系列无人机

1.4　本书研究内容

本书旨在探讨研究数字摄影测量及无人机数据处理的关键技术，分析无人机影像数据处理的自动化、可靠性、精确性及效率等问题。针对航摄数据处理的特点，本书主要从以下几方面进行了研究：

1. 针对目前实际工程对数字摄影测量系统的要求，深入研究了数字摄影测量的基本理论和关键技术，介绍了数字摄影测量中的影像定向、DEM 生成和 DOM 制作等数据处理流程及理论依据，并对数据精度进行分析。

2. 本书围绕数字摄影测量及无人机技术的特点等，对无人机数据空三加密，制作 DLG、DOM 数字产品的关键技术进行了分析研究。以两个试验测区为例，实证研究和分析了数字摄影测量软件（MapMatrix 系列软件）和 Pix4Dmapper 无人机数据处理平台进行无人机数据处理的关键技术和精度，为实际应用奠定了理论和实践基础。

3. 对比分析数字摄影测量软件和专业无人机数据处理软件处理无人机影像的差异。对 MapMatrix 数字摄影软件和 Pix4Dmapper 无人机数据处理软件在数据处理流程、处理精度以及成果等方面进行对比与分析，了解两类软件各自的优势与不足。

本书针对上述研究内容逐一进行分析，并利用实际生产中获取的无人机影像数据进行实验，以期提高无人机数据处理的可靠性及精度。

1.5 小 结

数字摄影测量技术是目前摄影测量发展的主要方向，经历了近百年的发展，其理论、方法和处理手段都很完善。模拟摄影测量和解析摄影测量阶段，摄影测量数据处理受到昂贵仪器和专业化操作的约束，限制了其大规模的发展。而数字摄影测量仅仅用一台电脑加相应的辅助软件、硬件就能完成所有的摄影测量数据处理工作，使摄影测量技术得到极大的发展和推广。近年来，基于数字摄影测量的无人机技术崛起，它具有很多常规数字摄影测量所不具备的优势。虽然无人机技术的基本理论与数字摄影测量相同，但是由于其涉及了更多的领域，数据获取的要求与传统航摄有很大的区别，因此在介绍数字摄影测量数据处理的基础上，对无人机数据处理技术进行介绍是很有必要的。

第2章　数字摄影测量理论体系

摄影测量学经过一百多年的发展，已经从模拟摄影测量阶段发展到数字摄影测量阶段。计算机、航空及航天技术的快速发展，使摄影测量的功能更加强大，应用领域也更加广泛。尤其是近十多年来，无人机技术的崛起，使数字摄影测量在测绘、考古、建筑、灾害监测等行业发挥越来越大的作用。虽然摄影测量新技术在不断地发展，但仍然有规律可循，其摄影测量的基本原理没有发生改变，改变的只是将计算机模式识别技术、高分辨率遥感影像解译技术和数字影像处理等技术引入传统摄影测量体系中，生成更为强大的集成摄影测量系统。为了更好地学习和掌握这些新技术，我们必须先学习摄影测量学的基础知识。

摄影测量学（Photogrammertry）是对非接触传感器系统获取的影像与数字表达的记录进行量测和解译，从而获得自然物体和环境可靠信息的一门工艺、科学和技术。换言之，摄影测量学是对研究的对象进行摄影，根据所获得的构像信息，从几何和物理方面加以分析、研究，最终对所摄对象的本质提供各种资料的一门学科。从现代计算机视觉角度，摄影测量学则是运用三维场景的二维影像重建可靠而精确的原始场景三维模型的集几何学、数学与物理学于一体的综合学科。

摄影测量学的最主要特点是对影像进行量测与解译等处理，无需接触物体本身，因而较少受到周围环境与条件的限制。影像是客观物体或目标的真实反映，信息丰富、逼真，人们可从中获得所研究物体的大量的几何信息和物理信息，因此摄影测量可广泛应用于各个方面。例如，利用摄影测量技术研究火山口的熔岩情况，从而监控火山的活动（图2-1）；观察海啸中心的水体变化，减少灾害损失；拍摄滑坡山体的影像，然后解译获得的影像，进行灾害监测（图2-2），这些是传统技术很难实现的。

图2-1　航拍火山口

图2-2　航拍山体滑坡

摄影测量学可以从不同角度进行分类（图2-3）。按摄影距离（平台距离）分，有航天摄影测量、航空摄影测量、地面摄影测量、近景摄影测量和显微摄影测量，其中航天摄影测量多指位于 160km 高空以上的高清晰卫星影像测量；按处理技术分，有模拟摄影测量、解析摄影测量和数字摄影测量，其中数字摄影测量是目前摄影测量发展的主要方向，具有很大的发展前景，模拟摄影测量的成果为各种图件（地形图、专题图等），解析摄影测量和数字摄影测量除可提供各种图件外，还可以直接为各种数据库和地理信息系统提供数字化产品；按用途分，有地形摄影测量与非地形摄影测量两类，其中地形摄影测量的主要目的是测制各种比例尺地形图，这也是摄影测量的主要目的之一，而非地形摄影测量用于解决工业、建筑、考古、地质工程、生物医学等方面的科学技术问题。

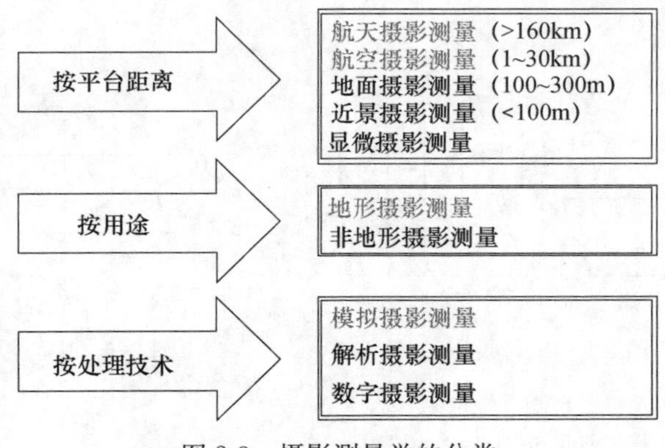

图 2-3　摄影测量学的分类

2.1　摄影测量学

2.1.1　摄影测量的重要概念及公式

摄影测量学的主要概念包括：中心投影，内、外方位元素，像片重叠度等。本书涉及的公式主要是共线条件方程式，共线条件方程式在摄影测量中占有重要地位，是摄影测量学的基础公式之一。

1. 中心投影

传统的光学像片、数字航摄影像及无人机拍摄的数码影像都是以中心投影的方式投影到成像平面的（图 2-4）。

(a) 光学航摄像片

(b) 数字航摄像片

(c) ebee无人机影像

图 2-4　航摄像片

（1）中心投影与正射投影

用一组假想的直线将物体向几何面投射称为投影，其投影线称为投影射线，投影的几何面通常取平面称为投影平面，在投影平面上得到的图形称为该物体在投影平面上的投影。投影有中心投影与平行投影两种。当投影射线都平行于某一固定方向时，这种投影称为平行投影。平行投影中又有倾斜投影与正射投影之分，投影射线与投影平面成斜交的投影称为倾斜投影；投影射线与投影平面成正交的投影称为正射投影（图 2-5）。当投影射线会聚于一点时，称为中心投影。中心投影中投影射线的会聚点 S 称为投影中心（图 2-6）。

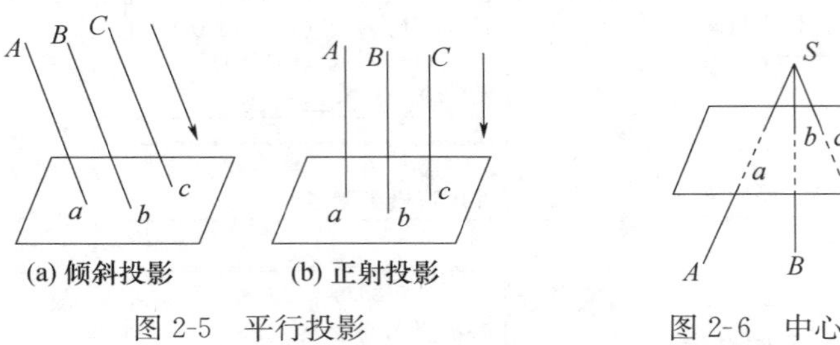

图 2-5　平行投影　　图 2-6　中心投影

（2）航摄像片是摄区地面的中心投影

我们认为拍摄的航摄像片就是中心投影，航摄中获取的正射影像就是中心投影像片经过纠正之后获得的（图 2-7）。在航空摄影中像片平面是投影平面，所有的投影射线都汇聚到投影中心 S 上，投影中心 S 是航摄摄影机物镜的中心位置，此时像片平面上的影像就是摄区地面点的中心投影（图 2-8）。如何将中心投影的航摄像片转化为正射投影的地形图，就成为了航空摄影测量学的主要任务之一。图 2-8 中 P 为摄像机像片平面，E 为摄区地面，E 上面的点 A、B、C 经过中心投影后，在像片平面上对应的像点分别为 a、b、c。航空摄影机物镜中心 S 至像片平面的距离被为摄影机主距 f。当取摄区内的平均高程面作为摄影基准面时，摄影机的物镜中心至该面的距离称为航高，一般用 H 表示。该测区的航摄比例尺 m 为：

$$\frac{1}{m}=\frac{f}{H} \tag{2-1}$$

(a) 正射影像

(b) 航摄影像

图 2-7　航摄像片与正射影像对比

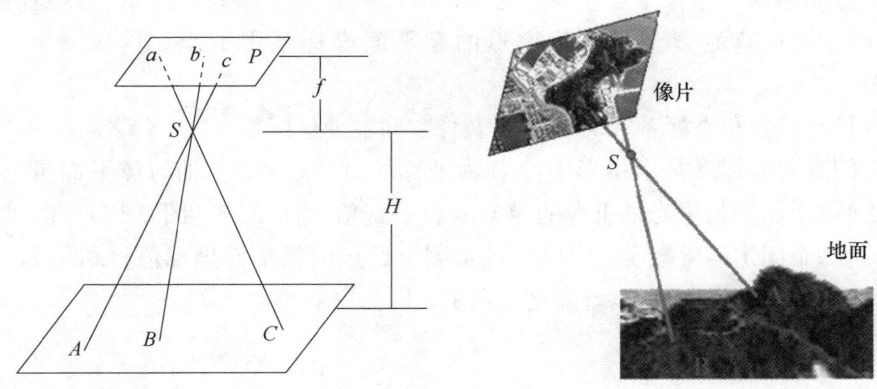

图 2-8　航摄影像的中心投影

公式（2-1）给出了摄区航摄比例尺的计算公式，摄影比例尺越大，像片地面分辨率越高，有利于影像的解译与提高成图精度，但摄影比例尺过大，将增加工作量及费用，所以摄影比例尺要根据测绘地形图的精度要求与获取地面信息的需要来确定。当选定了摄影机和摄影比例尺后，即 f 和 m 为已知，航空摄影时就要求按计算的航高 H 飞行摄影，以获得符合生产要求的摄影像片。如何将中心投影的航摄像片转化为垂直投影的地形图，就成为了航空摄影测量学的主要任务之一。

2. 航空摄影中常用的坐标系

(1) 框标坐标系（$p-xy$）及像平面坐标系（$o-xy$）

航摄像片与普通摄相机拍摄的像片最主要的区别之一就是框标标志，一般的航摄像片都有角框标（四个角点）和四个边框标（图 2-9），框标标志除了可以用来进行像片的内定向外，还可以直接建立框标坐标系。框标坐标系有两种：根据角框标建立的框标坐标系是分别将角框标对角相连，连线交点 P 为坐标原点，连线的角平分线构成 x 轴和 y 轴，如图 2-10（b）所示；根据边框标建立的框标坐标系是将边框标对边相连，连线的交点 P 为坐标原点，与航线方向一致的连线作为 x 轴，另一条连线作为 y 轴，如图 2-10（a）所示。

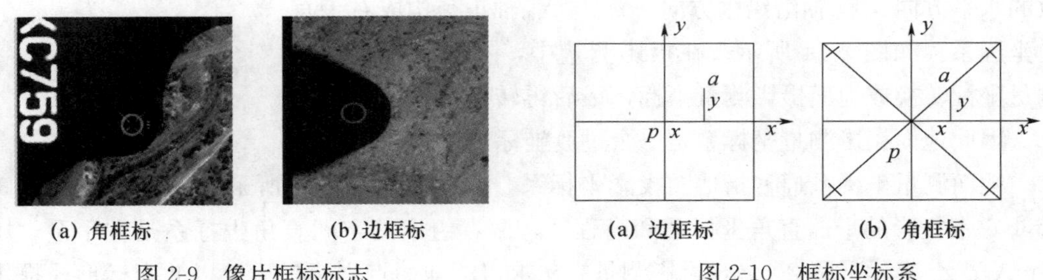

(a) 角框标　(b) 边框标

图 2-9　像片框标标志

(a) 边框标　(b) 角框标

图 2-10　框标坐标系

像平面坐标系（$o-xy$）以摄影机物镜中心 S 在像片平面上的投影——像主点 o 为原点，其 x 轴和 y 轴分别平行于框标坐标系的 x 轴和 y 轴。像主点 o 一般不与框标坐

标系的原点 p 重合，当像主点在像片框标坐标系中的坐标为 x_0、y_0 时，则量测出的像点坐标 x、y，换算到以像主点为原点的像平面坐标系中的坐标为 $x-x_0$、$y-y_0$（图 2-11）。

（2）像空间直角坐标系（$S-xyz$）及像空间辅助坐标系（$S-XYZ$）

像空间直角坐标系是以摄影中心 S 为坐标原点，x 轴、y 轴与像平面坐标系的 x 轴、y 轴平行，z 轴与主光轴重合的像空间右手直角坐标系统（图 2-12）。由于航摄仪主距 So 是一个固定的常数 f，所以一旦量测出像点的像平面坐标值（x，y），则该像点在像空间坐标系中的坐标也就随之确定了，即为（x，y，$-f$）。

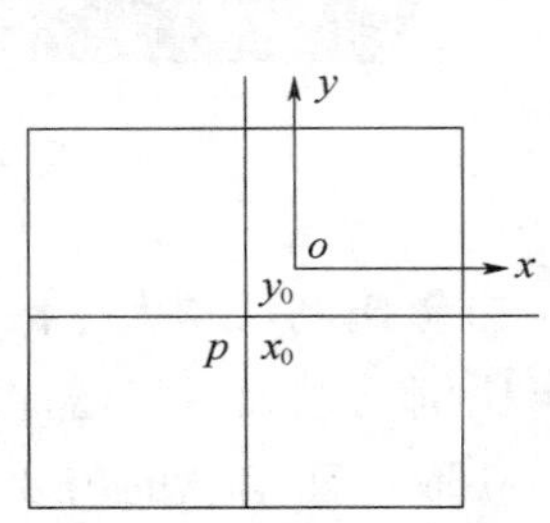

图 2-11　像平面坐标系

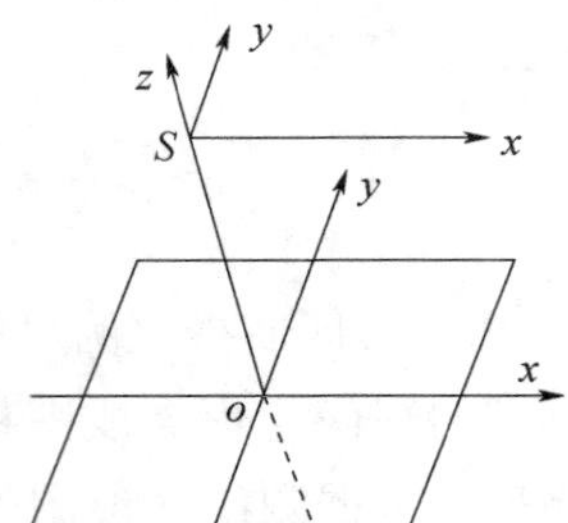

图 2-12　像空间直角坐标系

像点的像空间坐标可直接以像平面坐标求得，但这种坐标的特点是每张像片的像空间坐标系不统一，这将给计算带来困难。为此，需要建立一种相对统一的坐标系——像空间辅助坐标系，用 $S-XYZ$ 表示。此坐标系的原点仍选在投影中心 S，以航向方向为 X 轴，Z 轴垂直于地面，构成右手直角坐标系，该坐标系的三轴分别平行于地面摄影测量坐标系（图 2-13）。

（3）地面摄影测量坐标系（$D-X_{tp}Y_{tp}Z_{tp}$）及地面测量坐标系（$T-X_tY_tZ_t$）

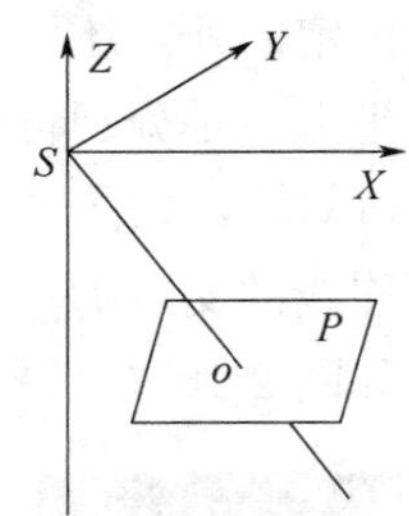

图 2-13　像空间辅助直角坐标系

在摄影测量坐标系与地面测量坐标系之间建立一种过渡性的坐标系，称为地面摄影测量坐标系，用 $D-X_{tp}Y_{tp}Z_{tp}$ 表示，其坐标原点在测区内的某一地面点上，X_{tp} 轴大致在与航向一致的水平方向，Z_{tp} 轴沿铅垂方向，Y_{tp} 与 X_{tp} 轴正交构成右手直角坐标系，如图 2-14 所示。在摄影测量中，一般首先将摄影测量坐标转换成地面摄影测量坐标，最后再转换成地面测量坐标，因此地面摄影测量坐标系是一个过渡坐标系。

地面测量坐标系通常指地图投影坐标系，也就是国家测图所采用的高斯克吕格 3°带或 6°带投影的平面直角坐标系和高程系，两者组成的空间直角坐标系是左手系，用 $T-X_tY_tZ_t$ 表示（图 2-14），摄影测量方法求得的地面点坐标最后要以此坐标形式提供给用户使用。在这里要注意，由于摄影测量中采用右手坐标系，而地面测量坐标系为左手坐标系，所以这两个坐标系的 X 轴和 Y 轴应互换。

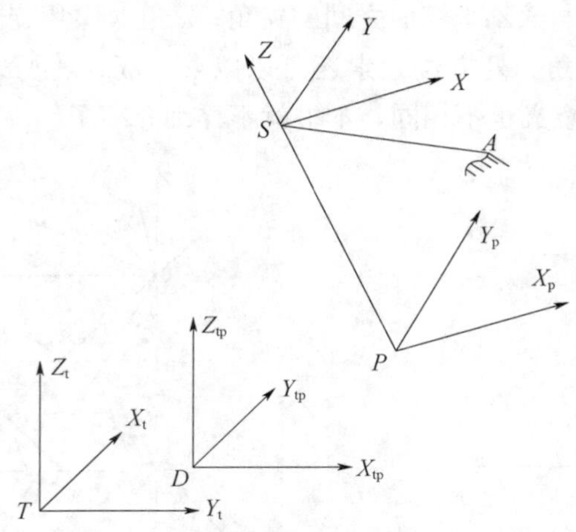

图 2-14　地面摄影测量坐标系和地面测量坐标系

3. 内方位和外方位元素

在摄影测量过程中，需要定量描述摄影机的姿态和空间位置，从而确定所摄像片与地面之间的几何关系。这种描述摄影机（含航摄像片）姿态的参数称为方位元素。依其作用不同可分两类，一类是用以确定投影中心对像片的相对位置，称为像片的内方位元素；另一类用以确定像片以及投影中心（或像空间坐标系）在物方空间坐标系（通常为地面摄影测量坐标系）中的方位，称为像片的外方位元素。

（1）内方位元素

摄影机物镜中心也是摄影中心 S 对所摄像片的相对位置称为像片的内方位。确定航摄像片内方位的必要参数称为航摄像片的内方位元素。航摄像片的内方位元素有三个，即像片主距 f、像主点在像片框标坐标系中的坐标 x_0、y_0。如图 2-15 所示，确定了内方位元素就确定了摄影中心与像片平面的位置关系，同时像点在框标坐标系中的坐标（x，y）就可以转换到像空间直角坐标系（$x-x_0$，$y-y_0$，$-f$）中了。内方位元素值一般由摄影机检校确定。

（2）外方位元素

在恢复了内方位元素（即恢复了摄影光束）的基础上，确定摄影光束在摄影瞬间的空间位置和姿态的参数，称为外方位元素。一张像片的外方位元素包括 6 个参数，其中有 3 个是直线元素，用于描述摄影中心 S 的空间位置的坐标值；另外 3 个是角元素，用于描述像片空间姿态。外方位元素是像空间直角坐标系向地面摄影测量坐标系变换的必要参数，因此外方位元素也可以定义为确定像空间直角坐标系在地面摄影测量坐标系中的位置和方位的元素。

外方位元素中 3 个线性元素是指投影中心 S 在地面摄影测量坐标系中的坐标 X_S、Y_S、Z_S。3 个角元素确定像空间直角系三轴在地面摄影坐标系的方向。角元素的表达方式有很多种，本节介绍最常用的一种方法，即以 φ、ω、κ 表示 3 个角元素。如图 2-16所示，φ 角也被称为航向倾角，是 Z 轴在 XY 坐标面上的投影与 Z 轴的夹角；ω

角（旁向倾角）是 Z 轴与 XZ 坐标面之间的夹角；κ 角（像片旋角）是 Y 轴在 xy 坐标面上的投影与 y 轴的夹角。外方位元素还可以以 φ'、ω'、κ' 或 α、k_v、A 表示角元素，不同的表示方法代表的意义也不相同，本书就不详细介绍了。

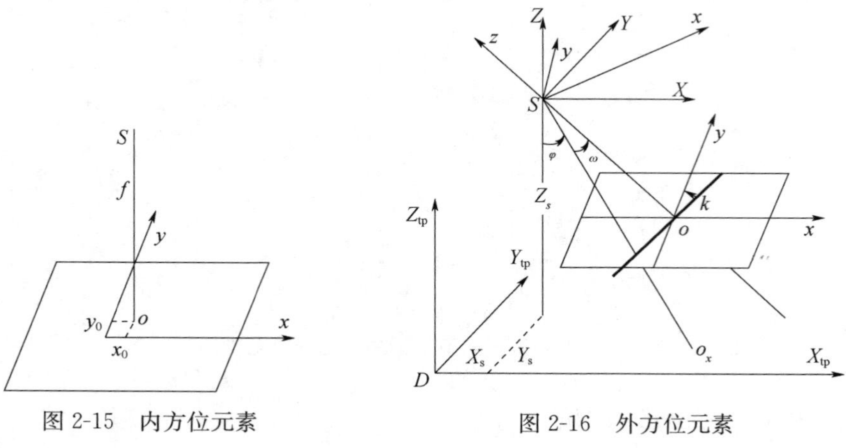

图 2-15　内方位元素　　图 2-16　外方位元素

4. 共线条件方程式

为了对航摄像片进行处理，必须建立航空影像、地面目标和投影中心的数学模型。在理想情况下，像点（a）、投影中心（S）、物点（A）位于同一条直线上，我们将以三点共线为基础建立起来的描述这三点共线的数学表达式，称为共线条件方程式。共线原理是摄影测量理论基础之一，共线方程是摄影测量中的重要公式，应用十分广泛，在后方交会、光束法区域网平差及利用 DEM 进行单张像片纠正的时候都要用到这个公式。

假设在摄站 S 摄取了一张航摄像片 P，航摄仪镜箱主距为 f（一般由相机生产单位提供）。图 2-17 中，$A-XYZ$ 为一个右手系地面摄影测量坐标。地面点 A 和投影中心 S 在该坐标系中的坐标分别为 X_A、Y_A、Z_A 和 X_S、Y_S、Z_S；A 点在像片上的构像点 a，在像空间辅助坐标系 $S-XYZ$ 和像空间直角坐标系 $S-xyz$ 中的坐标分别为 X、Y、Z 和 x、y、z。像空间辅助坐标系 $S-XYZ$ 和地面摄影测量坐标系 $A-XYZ$ 的对应轴平行。

由于摄影时 S、a、A 三点位于一条直线上（三点共线），由图 2-17 中各相似三角形的关系，可以得到像点 a 的像空间辅助坐标（X，Y，Z）与对应地面点 A 和投影中心 S 在地面摄影测量坐标系中的坐标（X_A，Y_A，Z_A）和（X_S，Y_S，Z_S）间的关系为：

$$\frac{X_A}{X_A-X_S}=\frac{Y_A}{Y_A-Y_S}=\frac{Z_A}{Z_A-Z_S}=\lambda$$

即：

$$\begin{bmatrix} X_A-X_S \\ Y_A-Y_S \\ Z_A-Z_S \end{bmatrix}=\begin{bmatrix} X \\ Y \\ Z \end{bmatrix} \tag{2-2}$$

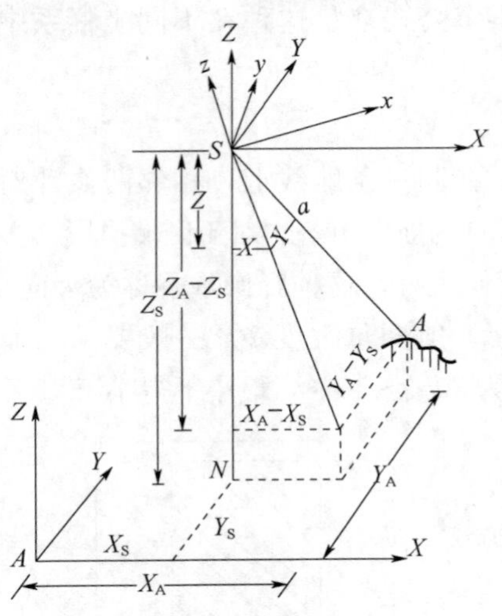

图 2-17　中心投影中的构像关系

由像点 a 的像空间坐标（x，y，$-f$）与像空间辅助坐标（X，Y，Z）转换时需要进行坐标轴的旋转，在数学上一般用矩阵运算来实现。二维坐标系坐标轴的旋转需要乘以一个 2×2 的矩阵，而三维矩阵的旋转需要乘以一个 3×3 的矩阵，这样的用于计算坐标系旋转的矩阵被称为旋转矩阵 $\boldsymbol{R}$，空间坐标系的旋转矩阵 $\boldsymbol{R}$ 是由 9 个元素（a_1，a_2，a_3，b_1，b_2，b_3，c_1，c_2，c_3）构成［公式（2-3）］，这 9 个元素相互并不独立，可以用 3 个独立参数来表示，3 个独立参数的表示方式有很多种，这里用外方位元素中的角元素（φ，ω，κ）来表示，也就是说构成旋转矩阵 $\boldsymbol{R}$ 的 9 个元素都可以用 φ、ω、κ 来表达。

$$\boldsymbol{R}=\begin{bmatrix} a_1 & a_2 & a_3 \\ b_1 & b_2 & b_3 \\ c_1 & c_2 & c_3 \end{bmatrix} \tag{2-3}$$

像空间直角坐标系与像空间辅助坐标系之间的转换公式为：

$$\begin{bmatrix} X \\ Y \\ Z \end{bmatrix}=\boldsymbol{R}\begin{bmatrix} x \\ y \\ -f \end{bmatrix}=\begin{bmatrix} a_1 & a_2 & a_3 \\ b_1 & b_2 & b_3 \\ c_1 & c_2 & c_3 \end{bmatrix}\begin{bmatrix} x \\ y \\ -f \end{bmatrix} \tag{2-4}$$

根据公式（2-4）得到共线方程（2-5）：

$$\left.\begin{aligned} x&=-f\frac{a_1(X_A-X_S)+b_1(Y_A-Y_S)+c_1(Z_A-Z_S)}{a_3(X_A-X_S)+b_3(Y_A-Y_S)+c_3(Z_A-Z_S)} \\ y&=-f\frac{a_2(X_A-X_S)+b_2(Y_A-Y_S)+c_2(Z_A-Z_S)}{a_3(X_A-X_S)+b_3(Y_A-Y_S)+c_3(Z_A-Z_S)} \end{aligned}\right\} \tag{2-5}$$

共线方程式（2-5）揭示了投影中心、像点、地面点三者之间的数学关系，是摄影测量学最重要的基础公式之一。该方程里包含了 6 个外方位元素：三个线性元素 X_S、Y_S、Z_S；三个角元素 φ、ω、κ（包含在 a_1、a_2、a_3、b_1、b_2、b_3、c_1、c_2、c_3 中）。共线方程中的坐标（x，y，$-f$）、（X_A，Y_A，Z_A）和（X_S，Y_S，Z_S）并不是同一个坐标系中的坐标，摄影测量中有很多公式都是这种在不同坐标系中建立的不同点之间的数学关系式。

5. 像片重叠

为了满足测图的需要，在同一条航线上，相邻两像片对所摄区域应有一定范围的影像重叠，这种影像重叠被称为航向重叠。对于区域摄影（多条航线），要求两相邻航带像片之间也需要有一定的影像重叠，这种影像重叠称为旁向重叠。重叠反映在航摄片上是以像幅边长的百分数表示，航向重叠度 $p\%$ 一般要求为 60%～65%，最小不得小于 53%；旁向重叠度 $q\%$ 要求为 30%～40%，最小不得小于 15%，具体如图 2-18 所示。

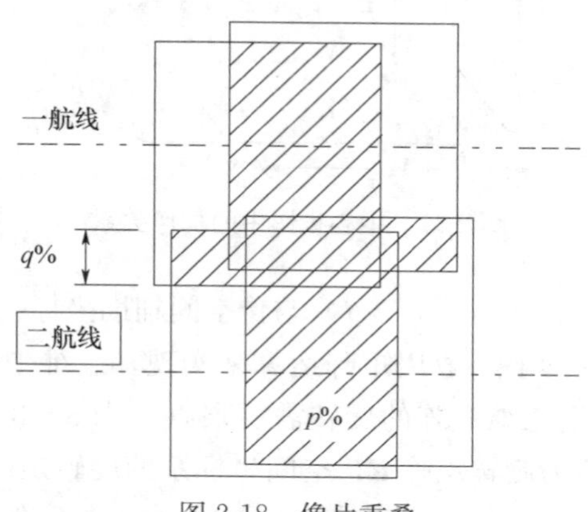

图 2-18　像片重叠

当航向重叠、旁向重叠小于最低要求时，称为航摄漏洞，需要在航测外业做补救。当摄区地面起伏较大时，还要增大重叠度，才能保证像片立体量测与拼接。航向重叠和旁向重叠在摄影测量中具有重要的意义，是摄影测量立体测图的基础。

应当指出，随着航空数码相机的应用，已有航向重叠大于 80%、旁向重叠在 40%～60%之间的大重叠航空摄影测量，而利用三线阵传感器摄影，则具有 100%的重叠度。

6. 三种由像点坐标解求地面点坐标的方法

根据摄得的立体像对的内在几何特性和像点构成的几何关系，用数学计算方式求解物点的三维空间坐标的方法有三种：

（1）用单张像片的空间后方交会与立体像对的前方交会方式求解物点的三维空间坐标。

这种方法分为两步，即先根据已知控制点坐标，采用后方交会的方法分别解求像对的 12 个外方位元素，然后根据求得的两像片的外方位元素，按照前方交会公式计算像对内其他所有点的三维坐标，从而建立数学模型。

（2）用相对定向和绝对定向方法求解地面点的三维空间坐标。

此法是根据同名光线对对相交的原理，用模型基线取代摄影基线，建立一个缩小的与地面相似的几何模型，然后再对这个模型进行平移、旋转和缩放的绝对定向，将立体模型的模型点坐标纳入到规定的坐标系中，并规划为规定的比例尺，以确定立体像对内所有地面点的三维坐标。

(3) 采用光束法求解地面点的三维坐标。

这种方法是把待求的地面点和已知点坐标，按照共线条件方程，用连接点条件和控制点条件同时列出误差方程式，统一进行平差计算，以求得地面点的三维坐标。这种方法理论上较为严密，但计算量很大，是前两种方法的一个综合。

2.1.2　空中三角测量概述

在摄影测量立体测图中，每个像对至少需要 4 个测图控制点，当测区内有许多个像对时，需要大量的地面控制点，如果这些控制点都采用野外实测，则摄影测量的外业工作量大、成本高且效率低下。为了减少外业的工作量，在野外只测少量必要的地面控制点，而采用在室内用摄影测量的方法加密出每个立体像对所需要的测图控制点，这种工作被称为空中三角测量（简称空三，本书在部分叙述中用简称）。空中三角测量就是以像片上量测的像点坐标为依据，采用较严密的数学模型，按最小二乘法原理，用少量地面控制点为平差条件，在计算机上解算测图所需控制点的地面坐标的方法。由于空中三角测量的主要目的就是为地形图测绘加密出足够的控制点，因此也被称为空三加密（图 2-19）。

空中三角测量可以为测绘地形图提供定向控制点和像片定向参数，测定大范围内界址点的统一坐标，在单元模型中进行大量地面点坐标的计算以及应用于解析近景摄影测量和非地形摄影测量。

空中三角测量的特点：将大部分野外测控工作转至室内完成；不接触被测目标即可测定其位置和形状，对被测目标是否可以接触无特别要求；可以快速地在大范围内实施点位的测定，节省大量的野外测量工作；可引入系统误差改正和粗差检测，可同非摄影测量观测值进行联合平差；凡从空中摄站可摄取的目标，均可测定其点位，不受地面通视条件的限制；区域网平差的精度高，内部精度均匀，且不受区域大小的限制。

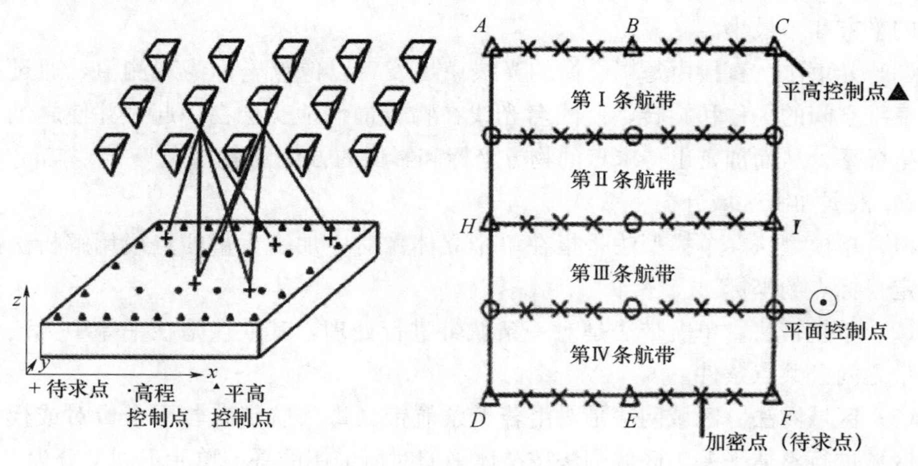

图 2-19　空中三角测量

1. 空中三角测量的分类

空中三角测量按发展阶段可以分为模拟空中三角测量、解析空中三角测量和数字空中三角测量。模拟空中三角测量采用图解法或光学机械法，在全能型立体测图仪上根据摄影过程的几何反转原理建立航带模型，实现控制点的加密。解析空中三角测量是利用计算机，根据人工观测方法在坐标量测仪或解析测图仪上量测的像点坐标，采用一定的数学模型计算出待定点的地面坐标。数字空中三角测量又称为自动空三，它不需要模拟的或解析的坐标量测仪器，而是直接在计算机屏幕显示的数字影像上，自动或半自动地采集加密点的像点坐标，进而计算出待定点的地面坐标。当前，数字空中三角测量已成为主流的作业方式，但数字空中三角测量仍然沿用解析空中三角测量的数学模型。

利用计算机进行解析空中三角测量可以采用不同的方法进行分类（图 2-20）。

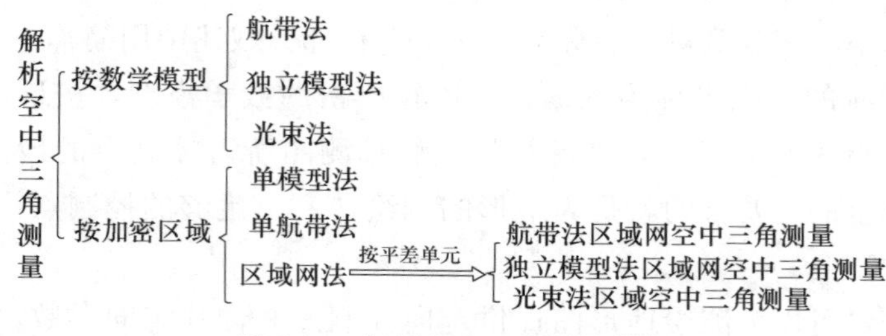

图 2-20　解析空中三角测量分类

1）根据平差中采用的数学模型不同分类

（1）航带法。即通过相对定向和模型连接先建立自由航带，以点在该航带中的摄影测量坐标为观测值，通过非线性多项式中变换参数的确定，把自由网纳入所要求的地面坐标系中，并使公共点上不符值的平方和为最小。

（2）独立模型法。即先通过相对定向建立起单元模型，以模型点坐标为观测值，通过单元模型在空间的相似变换，使之纳入到规定的地面坐标系，并使模型连接点上残差的平方和为最小。

（3）光束法。直接由每幅影像的光线束出发，以像点坐标为观测值，通过每个光束在三维空间的平移和旋转，使同名光线在物方最佳地交会在一起，并使之纳入到规定的坐标系，从而加密出待求点的物方坐标和影像的方位元素。

2）根据加密区域分类

（1）单模型法。单模型法是指在单个立体像对中加密大量的点或用解析法高精度地测定目标点的坐标。

（2）单航带法。单航带法是对一条航带进行处理，其缺点是在平差中无法估计相邻航带之间公共点条件。

（3）区域网法。区域网法是对由若干条航带（每条航带有若干个像对或模型）组成的区域进行整体平差。区域网法按整体平差时所采用的平差单元不同又分为三种：

① 航带法区域网空中三角测量：该方法是以航带作为整体平差的基本单元。

② 独立模型法区域网空中三角测量：该方法是以单元模型为平差单元。

③ 光束法区域网空中三角测：该方法是以每张像片相似投影光束为平差单元，从而求出每张像片的外方位元素及各加密点的地面坐标。

2. 光束法区域网空中三角测量

解析空中三角测量中三种区域网平差方法分别是航带法区域网空中三角测量、独立模型法区域网空中三角测量和光束法区域网空中三角测量。航带法区域网平差是从模拟仪器上的空中三角测量演变过来的，是一种分步的近似平差方法。航带法区域网平差方便，速度快，但精度不高，主要提供初始值和小比例尺、低精度定位加密。独立模型法区域网平差是源于单元模型的空间模拟变换，平差求解的未知数较多，可将平面和高程分开求解，可以得到较严密的平差结果。光束法区域网平差的数学模型是共线条件方程，平差单元是单个光束，像点坐标是观测值，未知数是每张像片的外方位元素及所有待定点的地面坐标。光束法区域网平差是最严密的方法，目前已经成为解析空中三角测量的主流方法。

光束法区域网空中三角测量是以每张像片所组成的一束光线作为平差的基本单元，以共线条件方程作为平差的基础方程，通过各个光束在空中的旋转和平移使模型之间公共点的光线实现最佳交会，并使整个区域纳入到已知的控制点地面坐标系中去。所以光束法区域网空中三角测量要建立全区域统一的误差方程式，整体解求全区域内每张像片的 6 个外方位元素以及所有待求点的地面坐标。

光束法区域网空中三角测量的主要内容包括：

(1) 获取每张像片外方位元素及待定点坐标的近似值。

(2) 从每张像片上控制点、待定点的像点坐标出发，按共线条件列出误差方程式。

(3) 逐点法化建立改化法方程式，按循环分块的求解方法，先求出其中的一类未知数，通常先求每张像片的外方位元素。

(4) 按空间前方交会求待定点的地面坐标，对于相邻像片的公共点，应取其均值作为最后结果。

在上述第三步中，在某些特定情况下，也可以先消去每幅影像的外方位元素的未知数而建立只含坐标未知数的改化法方程式，直接求解待定点的地面坐标。

3. GPS（全球定位系统）辅助空中三角测量和 POS（定位定姿系统）辅助空中三角测量

1) GPS 辅助空中三角测量

传统的空中三角测量虽然能大大减少外业控制点的数量，但是由于多条航带、大面积空中三角测量所需要的外业控制点数量仍然较多，外业控制点的测量历来都是一项工作量大、工作周期长、作业成本高的测量过程，特别是在荒漠、森林、高山等困难地区更是如此，因此尽量减少外业控制点的数量，甚至实现无外业控制点定位一直是摄影测量工作者奋斗的目标。

随着 GPS 动态定位技术的发展，利用带有 GPS 的摄影测量系统可直接获取拍摄瞬间摄影中心的空间位置，该技术可以极大地减少地面控制点的数量，图 2-21 是传统的光束法空中三角测量的控制点布设图和 GPS 辅助空中三角测量的控制点布设图，图中可以明显看到 GPS 加入之后地面控制点的数量大大减少，节省了外业测量的工作量。GPS 辅助空中三角测量可快速获得每张航摄像片的三个线性外方位元素，从而减少了待求的未知数个数，只需少量地面控制点就可以得到精度较高的加密点坐标，在小比例尺地形图测绘中甚至可以不要地面控制点，实现无地面控制点的空三加密。

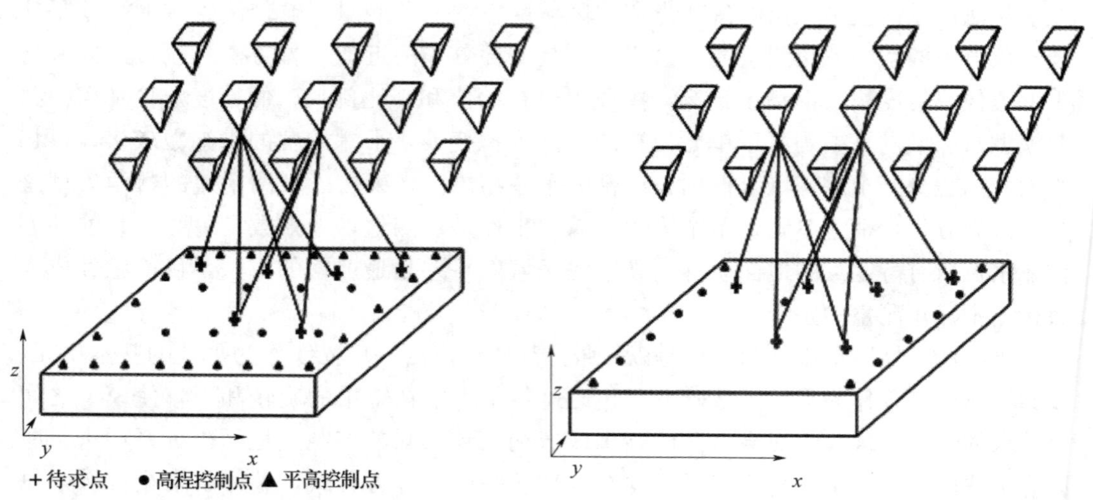

(a) 传统的光束法空中三角测量控制点布设图　(b) GPS辅助空中三角测量控制点布设图

图 2-21　两种空中三角测量的控制点布设图

(1) GPS 辅助空中三角测量基本原理

GPS 辅助空中三角测量是利用装在飞机和设在地面的一个或多个基准站上的至少两台 GPS 信号接收机同时而连续地观测 GPS 卫星信号，同时获得航摄像片，摄影瞬间航摄仪快门开启脉冲，通过 GPS 载波相位差分测量定位技术的离线数据，经过后处理，获取航摄仪曝光时刻摄站的三维坐标，然后将其视为附加观测值，引入摄影测量区域网平差中，采用统一的数学模型和算法整体确定点位并对其质量进行评定的理论、技术和方法。

GPS 辅助空中三角测量的基本思想：由 GPS 载波相位差分进行定位，获得摄站点的空间坐标，并将摄站点的空间坐标作为区域网平差中的附加非摄影测量观测值，以空中控制取代地面控制的方法进行区域网平差，这样可以大大减少甚至免除传统空中三角测量所必须的地面控制点，从而大大提高空三加密的速度，降低其成本。

(2) GPS 辅助空中三角测量的作业过程

GPS 辅助空中三角测量的作业过程大体上可分为以下四个阶段：

① 现行航空摄影系统改造及偏心测定

为了能测得摄影瞬间摄影中心的空间位置，需要在航摄飞机顶部适当位置安装高动态 GPS 天线，以便能接收到 GPS 卫星信号；在航摄像机中加装曝光传感器及脉冲装置，以记录和输出航摄像机快门开启时刻的脉冲信号；在 GPS 机载信号接收机上加装外部事件输入装置，将航摄像机曝光时刻的脉冲准确地载入 GPS 信号接收机的时标上。这三者（GPS 天线、GPS 接收机、航摄像机）稳固地连成一体（图 2-22），构成 GPS 辅助航空摄影系统。

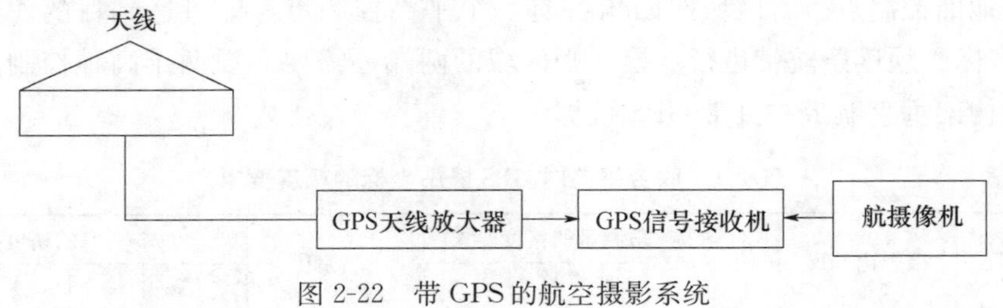

图 2-22　带 GPS 的航空摄影系统

GPS 天线一般固定在飞机的顶部，而航摄像机总是安装固定在飞机的底部，GPS 天线中心与航摄像机摄影中心并不重合，存在偏差（偏心），在正常状态下偏心距是一个常数，偏心距可以用近景摄影测量、经纬仪测量法或平板玻璃直接投影法测出。

② 带 GPS 信号接收机的航空摄影

在航空摄影过程中，以 0.5～1.0s 的数据更新率，用至少两台分别设在地面基准站和飞机上的 GPS 接收机同时而连续地观测 GPS 卫星信号，以获取 GPS 载波相位观察和航摄像机曝光时刻。

③ 解求 GPS 摄站坐标

GPS 历元就是某一时刻接受卫星信号的时段数，例如：GPS 接收机采集数据时将采样间隔设置为 10s，那么每一个 10s 称为一个历元，航摄像机像片曝光的时刻，不一定和 GPS 的观测历元重合，这个时候就要由差值法通过相邻两个历元的 GPS 天线位置内插出曝光时刻 GPS 天线位置。因此 GPS 摄站坐标的求解分为两步：首先要用专业软件求出每一观测历元时刻 GPS 天线的空间位置，然后再根据相邻两个 GPS 历元时刻的天线中心位置内插出曝光时刻 GPS 摄站坐标。

④ GPS 摄站坐标与摄影测量数据的联合平差

首先要确定 GPS 摄站坐标与摄影中心坐标的几何关系式，计算出 GPS 摄站坐标和摄影中心的线性关系式，然后将其代入光束法区域网平差的方程中，共同构建 GPS 辅助光束法区域网空三加密的误差方程和法方程。法方程的求解仍然可以采用传统的边法化边消元的循环分块方法求解未知数。

（3）GPS 辅助空中三角测量中的 GPS 精度和可靠性分析

利用 GPS 数据进行空中三角测量的预期精度和可靠性分析结果表明：

① GPS 摄站坐标在区域网联合平差中是极其有效的，只需要中等精度的 GPS 摄站坐标，即可满足测图的要求，详见表 2-1。

② 外方位线元素的利用一般比角元素更有效。附加的姿态测量数据在其精度很高时，可以用来改善高程加密精度。

③ 利用 GPS 数据的光束法区域网平差有较好的可靠性，这包括 GPS 数据自身的可靠性以及像点坐标观测值和少量地面控制点的可靠性。

④ 从理论上讲，GPS 提供的摄站点坐标用于区域网平差可完全取代地面控制点，条件是此时区域网平差是在 GPS 直角坐标系中进行的。

⑤ 为了解决基准问题，即为了获得在国家坐标系中的区域网平差成果，要求有一定数量的地面控制点。若区域网四角各有一个平高控制点，即可达到目的。但是，如果 GPS 坐标必须逐条航带进行变换，则区域的两端还需要布设两排高程控制点，或另加飞两条构架垂直航带并且带 GPS 数据。

表 2-1　联合平差对 GPS 摄站坐标的精度要求

测图比例尺	摄影比例尺	对空中三角测量的精度要求		等高距	对 GPS 的精度要求	
		$\mu_{x,y}$	μ_z		$\sigma_{x,y}$	σ_z
1：100000	1：100000	5m	＜4m	20m	30m	16m
1：50000	1：70000	2.5m	2m	10m	15m	8m
1：25000	1：50000	1.2m	1.2m	5m	5m	4m
1：10000	1：30000	0.5m	0.4m	2m	1.6m	0.7m
1：5000	1：15000	0.25m	0.2m	1m	0.8m	0.35m
1：1000	1：8000	5cm	10cm	0.5m	0.4m	0.15m
高精度点位测定	1：4000	1～2cm	6cm	—	0.15m	0.15m

2）POS 辅助全自动空中三角测量

定位定姿系统（Position and Orientation System，简称 POS）集差分 GPS（DGPS）技术和惯性测量装置（IMU）技术于一体，可以获取移动物体的空间位置和三轴姿态信息，广泛应用于飞机、轮船和导弹的导航定位。POS 主要包括 GPS 信号接收机和惯性测量装置两个部分，也称 GPS/IMU 集成系统。利用 POS 可以在航空摄影过程中直接测定每张像片的 6 个外方位元素，从而可以进一步减少外业像片控制测量工作，提高摄影测量的生产效率。POS 的工作流程如图 2-23 所示。

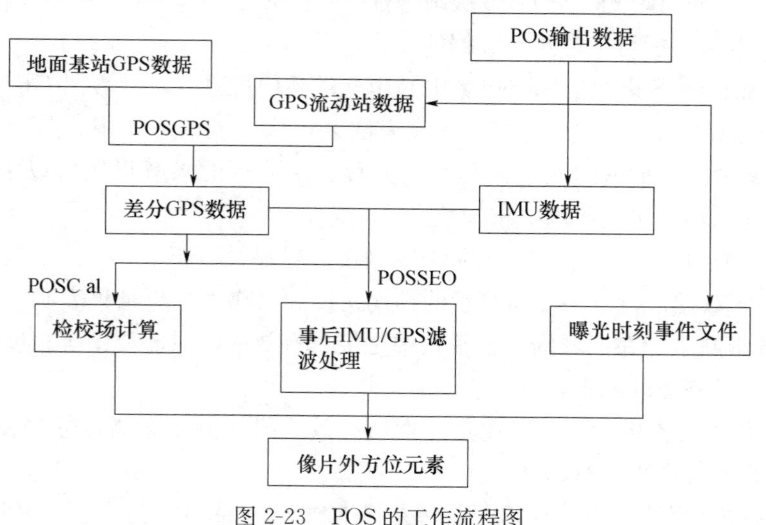

图 2-23　POS 的工作流程图

（1）POS 辅助空中三角测量系统的组成

POS 辅助空中三角测量系统主要包括航摄像机、导航控制系统、IMU 高精度姿态测量系统、IMU 与相机连接架、机载 GPS 及地面 GPS 基站接收机等。软件包括 GPS 数据差分处理软件、GPS/IMU 滤波处理软件以及检校计算软件。图 2-24 是 POS 辅助空中三角测量系统组成示意图。

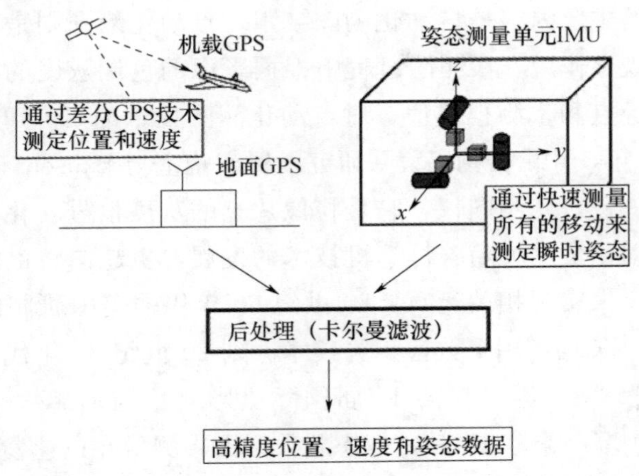

图 2-24　POS 辅助空中三角测量系统组成示意图

（2）常规空中三角测量与 GPS/POS 辅助自动空中三角测量整体比较

表 2-2 中比较了常规空中三角测量和引入 GPS 后的 GPS/POS 辅助自动空中三角测量在航片拍摄、外业控制点测量获取和平差结果精度等方面的差异。

表 2-2　常规空中三角测量和 GPS/POS 辅助自动空中三角测量比较

比较项目	常规空中三角测量	GPS/POS 辅助自动空中三角测量
航空摄影	常规航空摄影飞行	带 GPS 相位差分的航空摄影飞行增加约 15%的航摄费用
外业像片控制点联测	需一个作业季节进行外业控制测量	只需少量地面控制点在航摄时用 GPS 测量技术同步完成
内业选点和刺点	人工作业（慢、差、费）	全自动完成（快、好、省）
像片坐标量测	人工作业（慢、精度低）	全自动完成（快、精度高）
区域网平差	精度取决于地面控制点数量和分布	带 GPS 数据的联合平差精度均匀，可靠性好

2.2　数字摄影测量

2.2.1　数字摄影测量概述

摄影测量的发展经历了模拟摄影测量、解析摄影测量和数字摄影测量三个阶段，随着计算机技术的快速发展，数字摄影测量已经成为摄影测量发展的主流方向。但是无论是哪种摄影测量，都需要寻找同名像点，在模拟摄影测量和解析摄影测量阶段都需要通过人眼来识别同名像点，在人眼和脑的配合下进行人工的影像定位、匹配与识别。这种识别方法受限于人的工作效率，不适用于大面积的摄影测量，因此大大限制了摄影测量的发展。数字摄影测量是利用计算机代替人眼寻找同名像点、实现对同名像点的量测及建立立体模型等，从而大大提高了摄影测量的工作效率，为摄影测量的发展开辟了极大的空间，使摄影测量逐渐成为测量外业数据采集的主要方式之一。

数字摄影测量的主要内容是自动化测图技术，自动化测图则是利用相关装置代替观测者眼睛的立体观察作用，在测图过程中根据影像的色调灰度的相似性进行影像相关、自动识别同名像点和量测视差值。对自动化测图技术的研究可追溯到 19 世纪 30 年代，但直到 1950 年，才由美国工程兵研究发展实验室与 Bausch and Lomb 光学仪器公司合作研制了第一台自动测图仪，它是将像片上的灰度信号转化为电信号，利用电子相关技术实现自动化量测。随着计算机技术的发展，更趋向将电信号进一步转化为数字信号，由计算机来实现相关运算，20 世纪 60 年代初美国研制的自动解析测图仪 SA-11B-X 及 RASTER 均利用了数字相关技术。到 20 世纪 80 年代，对数字相关的研究占据了统治地位。1988 年京都第 16 届国际摄影测量与遥感大会期间，展出了以 DSP1 为代表的数字摄影测量工作站，标志着数字摄影测量在迅速发展。但这些工作站还是属于数字摄影测量工作站概念的体现。到 1992 年华盛顿第 17 届国际摄影测量与遥感大会期间，已经展出了一些较为成熟的产品，主要有：Helava 公司研制的 Leica 数字摄影测量工作站；德国 Zeiss 的 PHODIS；中国武汉测绘科技大学的 WuDAMS 等。这些数字摄影测量系统的出现，标志着数字摄影测量正在走向实用，并步入摄影测量生产。1996 年在维也纳召开的第 18 届国际摄影测量与遥感大会上，已有 19 套数字摄影测量系统参加了展示，其中最具代表性的系统有：Leica 公司的 Helava 扫描仪 DSW300 与工作站 DPW770；Intergraph 公司的扫描仪 AS1 与工作站 Integraphstati；武汉测绘科技大学的 VirtuoZo 等。这些系统基本上实现了摄影测量几何处理的自动化，并把 GPS 技术引入摄影测量，以确定摄影时的方位元素。如今数字摄影测量技术飞速发展，无人机技术的引入更是解决了摄影测量数据获取难这一关键问题，使数字摄影测量进入崭新的应用领域。

利用数字灰度信号，采用数字相关技术量测同名像点，在此基础上通过解析计算，进行相对定向和绝对定向，建立数字立体模型，从而建立数字高程模型、绘制等高线、制作正射影像图以及为地理信息系统提供基础信息等，这就是数字摄影测量。整个过程以数字形式在计算机中完成，又称为全数字摄影测量（Full Digital Photogrammetry）。实现数字影像自动测图的系统称为数字摄影测量系统（Digital Photogrammetric Systerm，简称 DPS）或数字摄影测量工作站（Digital Photogrammetric Workstation，简称 DPW）。这样的系统一般有一个计算机影像处理系统，其硬件设备包括数字化装置、影像或图像输出装置和一台电脑，而数字摄影测量软件系统目前国内主要有 VirtuoZo NT 平台、MapMatrix 系列软件和北京四维软件，可以完成摄影测量内业处理的各项工作，生成 4D 产品。

2.2.2　数字摄影测量工作站

近二十年来，随着计算机的广泛应用和信息处理技术的飞速发展，数字摄影测量成为摄影测量学发展的必然趋势。数字摄影测量最重要的产品是数字摄影测量系统（DPS）。数字摄影测量系统是由对影像进行自动化测量与识别，完成摄影测量作业的所有软件、硬件构成的系统，相对于传统的摄影测量系统而言，具有占用空间小、自动化程度高、生产效率高等优点。

数字摄影测量工作站是数字摄影测量系统的软件、硬件的主要载体或主要核心部分，数字摄影测量工作站是对数字摄影测量系统的具体实现。数字摄影测量工作站按其自动化功能可分为三种类型：① 半自动化模式，它是在人、机交互状态下进行工作；② 自动模式，它需要作业人员事先定义、输入各种参数，以确保其完成操作的质量；③ 全自动模式，它完全独立于作业人员的干预。目前数字摄影测量工作站所具有的全自动模式功能还不多，一般处于半自动模式和自动模式。我国的王之卓教授提出了全数字摄影测量（Full Digital Photogrammetry，简称 FDP）的概念。FDP 的定义认为，在数字摄影测量过程中，不仅产品是数字的，而且中间数据的记录以及处理的原始资料均是数字的。

1. 数字摄影测量工作站的组成

数字摄影测量工作站主要由软件和硬件两部分构成。硬件由手轮、脚轮、脚踏板红外发生器以及液晶眼镜等组成。软件主要有：影像数字化、影像处理量测、影像定向、核线影像、影像匹配、自动空三、建立数字高程模型、自动绘制等高线、制作正射影像、正射影像镶嵌与修补、数字测图、制作影像地图、制作透视图、景观图和制作立体匹配片等功能模块。数字摄影测量系统的发展很大程度上是计算机技术发展的结果，数字摄影测量系统可以被认为是计算机应用学科的一个部分。数字摄影测量系统可以与计算机可视化、计算机仿真和模拟、计算机动画、计算机网络密切地联系在一起，从而极大地扩展了数字摄影测量的应用领域。

1）硬件组成

数字摄影测量工作站的硬件主要由计算机及外部设备组成。其中计算机可以是个人计算机、集群计算机（多台个人计算机联网组成）、小型机和工作站。外部设备一般包括立体观测、操作控制和输入输出等部分。

（1）计算机

计算机是数字摄影测量工作站的核心，相对于普通的计算机，数字摄影测量工作站中的计算机有一些特殊要求以满足系统正常运行的需要。目前国内的主流数字摄影测量工作站包括武汉适普的 VirtuoZo、航天远景的 MapMatrix、北京四维的 JX-4（图 2-25），在这些工作站中要实现三维立体观测，有些工作站要求计算机显示器中的监视器刷新频率达到 100Hz 以上，有些则要求双显示器，此外数字摄影测量系统要输入、处理和输出高分辨率的图像，计算机中的独立显卡要求性能优越。为了实现左右像片的同时显示，工作站有时采用双显示器，有的则还是采用一台主机一台显示器的配置。

(a) 北京四维数字摄影工作站

(b) 适普数字摄影工作站

图 2-25　数字摄影测量工作站（DPW）

(2) 立体观测

数字摄影测量工作站的立体观测部分实际上包括计算机显示器、显卡和立体观测眼镜。立体观测眼镜常见的有红绿眼镜、闪闭式液晶眼镜和偏振光眼镜（图 2-26）。目前数字摄影测量工作站一般采用闪闭式液晶眼镜加发射器，它与显示器交替闪烁，利用视觉暂留原理，造成立体的效果。立体反光镜仿照人眼立体观测的原理，在双显示器上进行立体观测。红绿眼镜实际上是利用滤光原理，使一个眼睛看到红色部分，一个眼睛看到绿色部分，这样看到两个不同的像片产生立体效果。偏振光眼镜则是根据偏振光原理，让一个眼镜片只能通过横向波，另一个只能通过纵向波，同样达到两个眼睛看到两个不同像片产生立体效果，从而进行立体观测。在这四种方法中，红绿眼镜价格最便宜，但是立体观察效果差，一般只用于体验，而闪闭式液晶眼镜由于价格适中、观测效果较好，因此被广泛应用。

(a) 红绿眼镜

(b) 闪闭式液晶眼镜

(c) 偏振光眼镜

图 2-26　常见的立体观察眼镜

(3) 操控系统

数字摄影测量工作站的操控系统目前有三种：手轮、脚轮和普通鼠标、三维鼠标（图 2-27）。随着数字摄影测量工作站的发展，一般的鼠标基本上能完成数字摄影测量的大部分工作，但是在追踪等高线时最好使用手轮和脚轮，手轮和脚轮的优点是在大比例尺测图和等高线绘制中，作业质量要高一些，但其缺点是作业人员的培训周期长、劳动强度高、作业效率低、技术比较落后。数字摄影测量 3D 鼠标替代传统的手轮、脚轮和脚开关，实现对 3D 地形地物与线画图的全要素跟踪采集，3D 鼠标的特点是作业人员上手掌握速度快、培训时间短、作业效率高、劳动强度低、技术先进。目前 3D 鼠标适用于国内主要的数字摄影测量工作站，但是因为价格昂贵，所以还未被广泛推广。

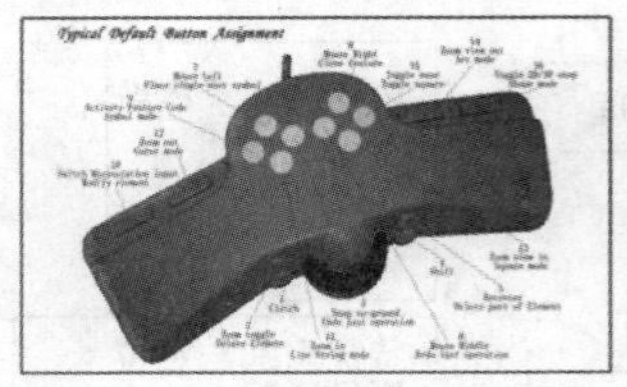

(a) 三维鼠标手轮

(b) 脚轮、踏板

图 2-27 部分操控系统

（4）输入和输出设备

数字摄影测量工作站的输入设备主要指胶片影像的数字化扫描仪，是将模拟像片转换成数字影像的模/数转换设备（图 2-28）。用于数字摄影测量的扫描仪主要有两类：第一类是单片扫描仪，采用的方式是成卷底片自动扫描，价格比较低廉；第二类是鼓式扫描仪，又称为滚筒式扫描仪，它使用的感光器件是光电倍增管，扫描效果非常好，由于该类扫描仪一次只能扫描一个点，所以扫描仪速度较慢，扫描一张像片花费几十分钟是很正常的事情。输出设备主要包括矢量绘图仪和栅格绘图仪。

(a)输入设备

(b)输出设备

图 2-28 数字摄影测量的输入、输出设备

2）软件组成

数字摄影测量工作站的软件实际上是解析摄影测量软件与数字图像软件的集合，主要包括数字影像处理软件、模式识别软件、解析摄影测量软件和辅助功能软件。其中数字影像处理软件和模式识别软件是数字摄影测量工作站的核心软件，它们是计算机技术发展到一定阶段才具备的功能，与数字图像处理技术关系紧密。四种软件所能实现的主要功能如图 2-29 所示。

2. 数字摄影测量工作站的主要功能

1）定向参数的计算

（1）内定向

框标的自动与半自动识别与定位，利用框标检校坐标与定位坐标，计算机扫描坐标系与像片坐标系间的变换参数。

（2）相对定向

将左、右影像分别提取特征点，利用二维相关寻找同名点，计算 5 个相对定向参

数 φ_1、κ_1、φ_2、ω_2、κ_2。金字塔影像数据结构与最小二乘影像匹配方法一般用于相对定向的过程，这一过程目前基本实现了自动化，人工干预的情况很少。

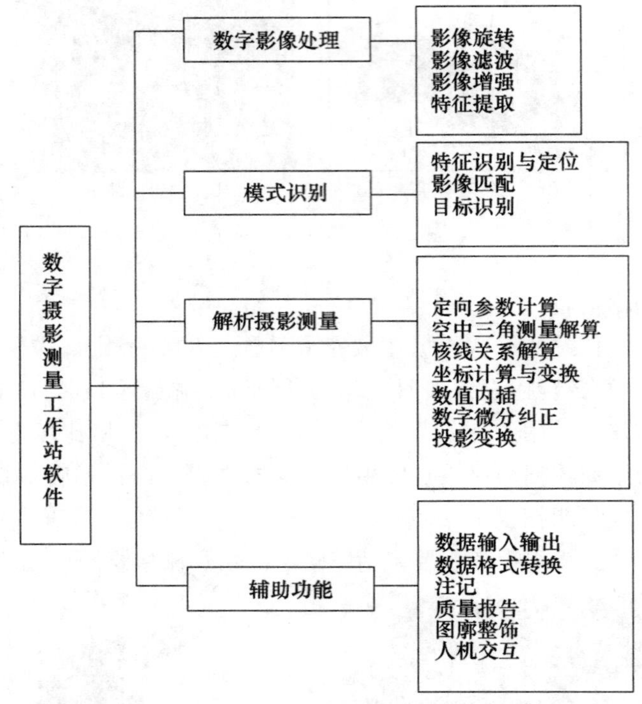

图 2-29　数字摄影测量工作站软件系统的主要功能

（3）绝对定向

绝对定向目前主要由人工在左、右影像上定位控制点，根据已有的像控点资料和控制点点位图，在两张相邻影像上找到足够多的控制点，并输入控制点点号，由最小二乘匹配确定同名点，然后计算绝对定向参数 Φ、Ω、K、λ、X_s、Y_s、Z_s。目前绝对定向的自动化程度较低，绝大多数仍需人工操作。

2）空中三角测量

其基本算法与解析摄影测量相同，但由于数字摄影测量可利用影像匹配，替代人工转制，从而极大地提高了空中三角测量的效率，避免了粗差，提高了精度。

3）形成按核线方向排列的立体影像

按同名核线将影像的灰度予以重新排列，形成核线影像。

4）影像匹配

建立相对定向模型时，搜索同名点时只需要在同名核线上搜索，大大提高了同名像点的查找速度和精度。

5）建立 DEM（数字高程模型）

绝对定向后，可以计算出大量的同名像点的地面坐标（X，Y，Z），然后内插 DEM 格网点高程，从而建立 DEM。

6）其他功能

自动生成等高线；制作正射影像，还包括正射影像的镶嵌与修补；等高线与正射影像叠加，制作带高程的正射影像；数字化测图系统（IGS），也就是进行矢量数据采集和数字线划产品（DLG）的生产；制作景观图、透视图和三维地面等。

3. 数字摄影测量工作站的主要工作流程

目前国内的数字摄影测量工作站的一般工作流程如图 2-30 所示。

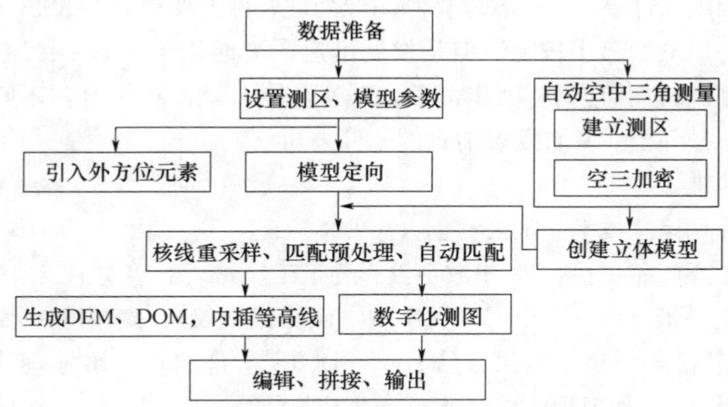

图 2-30　数字摄影测量工作站工作流程图

对于国、内外大多数的数字摄影测量工作站来说，目前可以实现全自动或几乎全自动作业方式的操作包括：内定向及相对定向；核线重采样（水平核线的生成）；数字空三中的自动转点、平差计算；DEM 生成及 DEM 自动生成等高线；数字微分纠正。而需要人工干预及半自动化的操作步骤为：绝对定向中的控制点识别；DEM 和 DOM 的交互式编辑；矢量测图等。

4. 国内主要的数字摄影测量工作站

（1）全数字摄影测量系统 VirtuoZo

适普公司成立于 1996 年，也是国内最早的数字摄影测量公司，其核心技术来源于武汉测绘科技大学（王之卓院士，张祖勋院士）三十多年的研究成果。VirtuoZo NT 系统是适普软件有限公司与武汉大学遥感学院共同研制的全数字摄影测量系统，属世界同类产品的五大名牌之一。此系统是基于 Windows NT 的全数字摄影测量系统，利用数字影像或数字化影像完成摄影测量作业，由计算机视觉（其核心是影像匹配与影像识别）代替人眼的立体量测与识别，不再需要传统的光机仪器。

VirtuoZo 从原始资料、中间成果及最后产品等都是以数字形式表示，克服了传统摄影测量只能生产单一线划图的缺点，可生产出多种数字产品，如数字高程模型、数字正射影像、数字线划图、景观图等，并提供各种工程设计所需的三维信息、各种信息系统数据库所需的空间信息。VirtuoZo NT 不仅在国内已成为各测绘部门从模拟摄影测量走向数字摄影测量更新换代的主要装备，而且也被世界诸多国家和地区所采用。

(2) 航天远景 MapMatrix 软件

MapMatrix 又称为多源空间信息综合处理平台，是武汉航天远景 2005 年推出的功能强大的软件平台。该系统致力于对航空影像、数码量测相机、卫星遥感、外业等多种数据源进行空间信息的综合处理，不仅为 4D 基础数据的生产加工提供丰富完整的软件工具，同时借助数据库管理器、项目管理器和统一的数据管理接口将项目和数据有效地管理起来，为后期数据增值和共享提供基础。MapMatrix 具有开放的数据交换格式，可与其他测图软件平台、GIS 软件和图像处理软件方便地共享数据。

航天远景公司虽然起步较晚，但是发展迅速，最近几年不但在传统的数字摄影测量技术中不断创新，而且与摄影测量发展的热点技术紧密相结合，不断进行新技术、新软件的开发，是一个非常有发展前景的软件公司。

(3) 北京四维 JX-4

北京四维远见信息技术有限公司创办于 1989 年 3 月，创办人为中国工程院刘先林院士，公司的主要产品包括：JX-4 数字摄影测量工作站、数字空中三角测量系统软件、SWDC-4 数字航空摄影仪（SWDC-5 数字航空倾斜摄影仪）、高精度轻小型航空遥感测量系统、SSW 车载激光建模测量系统、SW3DGIS 超自然真三维地理信息系统软件、NewMAP 新图软件以及 3DPT 真三维立体投影平台等。

第 3 章　无人机技术

3.1　无人机技术概述

无人驾驶航空器（Unmanned Aircraft，简称 UA），是一架由遥控站管理（包括远程操纵或自主飞行）的航空器，也称遥控驾驶航空器（Remotely Piloted Aircraft，简称 RPA），以下简称无人机。无人机实际上是无人驾驶飞机，也就是飞机上没有驾驶员，由程序控制自动飞行或者由人在地面或母机上进行遥控的飞机。它装有自动驾驶仪、程序控制系统、遥控与遥测系统、自动导航系统、自动着陆系统等，通过这些系统实现远距离控制飞行。无人机与有人驾驶的飞机相比具有重量轻、体积小、造价低、隐蔽性好等优点。

1. 无人机分类

无人机按飞行平台构型可分为固定翼无人机、多旋翼无人机、无人直升机和伞翼无人机等（图 3-1）。无人机按应用领域分为军用无人机和民用无人机。军用无人机又可分为侦察无人机、诱饵无人机、电子对抗无人机、通信中继无人机、无人战斗机以及靶机等；民用无人机可分为巡查/监视无人机、农用无人机、气象无人机、勘探无人机以及测绘无人机等。无人机按尺度（民航法规）可分为大型无人机、小型无人机、轻型无人机和微型无人机。其中微型无人机是指空机重量小于等于 7kg 的无人机；轻型无人机是指重量大于 7kg，但小于等于 116kg 的无人机，且全马力平飞中，校正空速小于 100km/h（55nmile/h），升限小于 3000m；小型无人机是指空机重量小于等于 5700kg 的无人机；大型无人机是指空机重量大于 5700kg 的无人机。按活动半径分类，无人机可分为超近程无人机、近程无人机、短程无人机、中程无人机和远程无人机。超近程无人机活动半径在 15km 以内，近程无人机活动半径在 15～50km，短程无人机活动半径在 50～200km，中程无人机活动半径在 200～800km，远程无人机活动半径大于 800km。

无人机按照其外形结构主要分为三类（图 3-2）：

（1）固定翼（fixed wing）无人机。动力系统包括桨和助推发动机，是三类飞行器里续航时间最长、飞行效率最高、载荷最大的无人机。其缺点是起飞时必须助跑，降落时必须滑行，不能空中悬停。

（2）无人直升机（helicopter）。特点是靠一个或者两个主旋翼提供升力，如果只有一个主旋翼，还必须有一个小尾翼产生的自旋力；主旋翼有极其复杂的机械结构，通过控制旋翼桨面的变化来调整升力的方向；动力系统包括发动机、整套复杂的桨调节系统。其优点是可垂直起降、空中悬停，缺点是机械结构较为复杂，维护保养费相对较高。

（3）多旋翼（multi-rotor）无人机。多旋翼无人机是指四个或更多旋翼的直升机，也能垂直起降，动力系统由电机直接连桨，机械结构简单，能垂直起降、空中悬停，缺点是续航时间相对较短，载荷也最小。随着技术的成熟，零件成本降低，并且开发了航拍、电力巡检、航摄等应用场景，使得以多旋翼无人机为主的小型民用无人机市场成为热点。

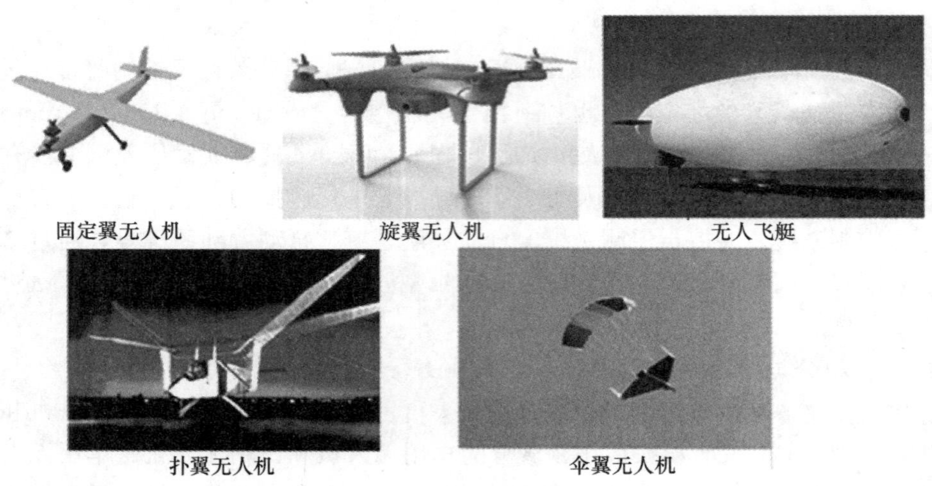

图 3-1　无人机按飞行平台构型分类

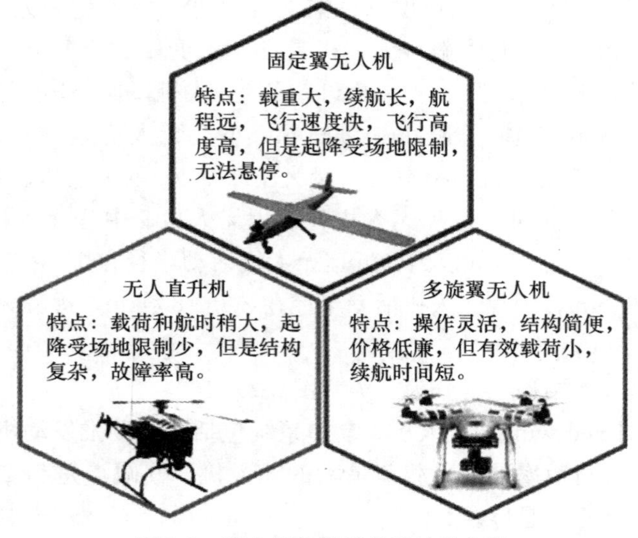

图 3-2　无人机按照其外形结构分类

2. 无人机系统组成

无人机系统（Unmanned Aircraft System，简称 UAS），也称无人驾驶航空器系统（Remotely Piloted Aircraft Systems，简称 RPAS），由飞行器、控制站及通信链路三部分组成（图 3-3），其中飞行控制系统、导航系统、动力系统和通信系统处于无人机系统的最核心地位。

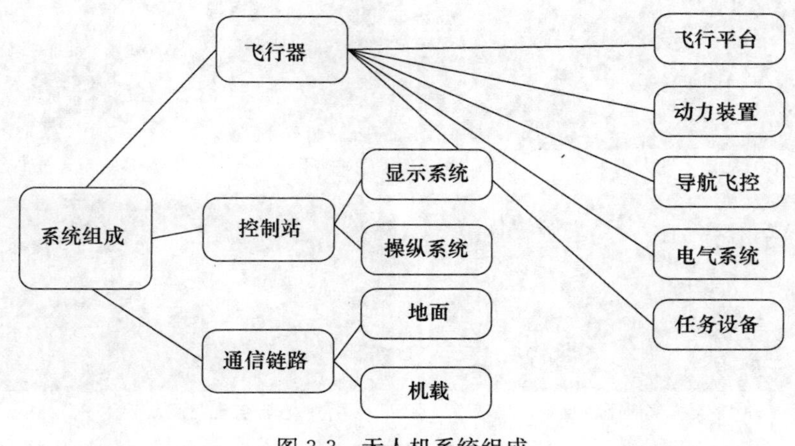

图 3-3　无人机系统组成

（1）飞行器

飞行器是指能在地球大气层内外空间飞行的器械。通常按照飞行环境和工作方式，把飞行器分为航空器、航天器、空天飞行器等几大类。航空器（aircraft）是能在大气层内进行可控飞行的飞行器。任何航空器都必须产生大于自身重力的升力，才能升入空中。根据产生升力的原理，航空器可分为轻于空气的航空器和重于空气的航空器两大类（图 3-4）。无人机属于重于空气的航空器中的一种。

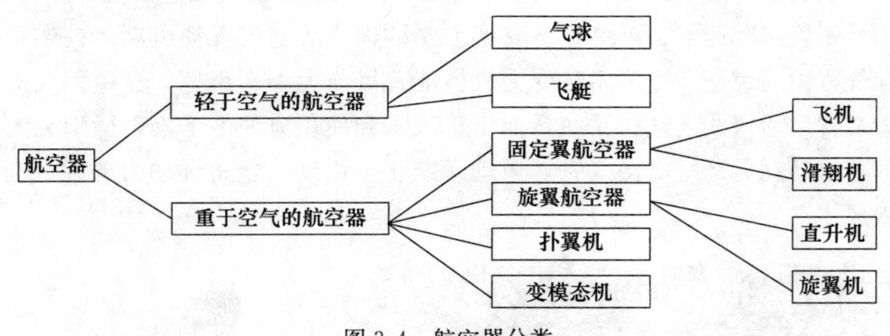

图 3-4　航空器分类

无人机平台主要包括固定翼（fixed wining）无人机平台、旋翼（rotary wing）无人机平台、多轴（multirotor）无人机平台、无人飞艇平台、系留气球及各种变模态平台等（图 3-5）。固定翼无人机平台是由动力装置产生前进的推力或拉力，由机体上固定的机翼产生升力，在大气层内飞行的重于空气的无人航空器；旋翼无人机平台是一种重于空气的无人航空器，其在空中飞行的升力由一个或多个旋翼与空气进行相对运动的反作用获得，与固定翼为相对的关系；多轴无人机平台中的多轴飞行器是一种具有三个及以上旋翼轴的特殊的直升机，旋翼的总距固定而不像一般直升机那样可变，通过改变不同旋翼之间的相对转速可以改变单轴推进力的大小，从而控制飞行器的运行轨迹。

(a) 固定翼无人机平台　(b) 旋翼无人机平台　(c) 多轴无人机平台

(d) 无人飞艇平台及系留气球　(e) 各类变模态平台

图 3-5　无人机平台

(2) 动力系统

动力系统是指无人机的发动机以及保证发动机正常工作所必需的系统和附件的总称。无人机使用的动力装置主要有活塞式发动机、涡喷发动机、涡扇发动机、涡桨发动机、涡轴发动机、冲压发动机、火箭发动机、电动机等。目前主流的民用无人机所采用的动力系统通常为活塞式发动机和电动机两种。

如图 3-6 所示，活塞式发动机也称为往复式发动机，由气缸、活塞、连杆、曲轴、气门机构、螺旋桨减速器、机匣等组成其主要结构。活塞式发动机属于内燃机，它通过燃料在气缸内的燃烧，将热能转变为机械能。目前大型、小型、轻型无人机广泛采用的动力装置为活塞式发动机系统，而出于成本和使用方便的考虑，微型无人机中普遍使用的是电动动力系统（图 3-7），电动系统主要由动力电机、动力电源、调速系统三部分组成。

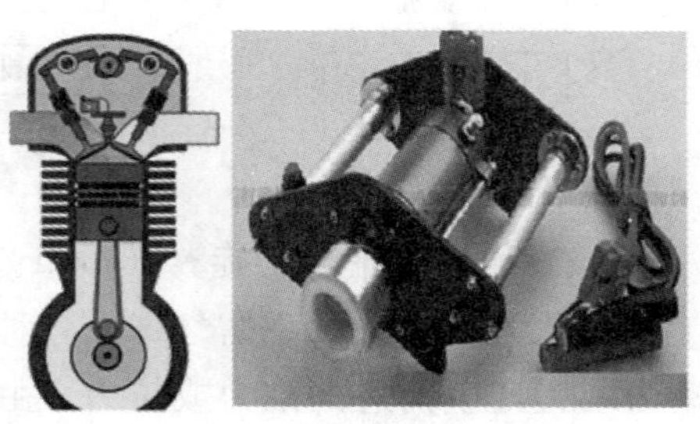

图 3-6　活塞式发动机

图 3-7　电动动力系统

(3) 导航飞控系统

无人机导航飞控系统的功能是向无人机提供相对于所选定的参考坐标系的位置、速度、飞行姿态，引导无人机沿指定航线安全、准时、准确地飞行，是无人机完成起飞、空中飞行、执行任务、返场回收等整个飞行过程的核心系统，对无人机实现全权控制与管理。因此导航飞控系统之于无人机相当于驾驶员之于有人机，是无人机执行任务的关键。

无人机导航飞控系统由传感器、计算机（硬件）、飞控软件、无人机执行机构等几部分组成（图 3-8）。常用的传感器包括角速率传感器、姿态传感器、位置传感器、迎角侧滑角传感器、加速度传感器、高度传感器及空速传感器等，这些传感器构成无人机导航飞控系统设计的基础；导航飞控计算机是导航飞控系统的核心部件，飞控计算机应具备姿态稳定与控制、导航与制导控制、自主飞行控制以及自动起飞、着陆控制等功能；而无人机执行机构是导航飞控系统的重要组成部分，其主要功能是根据飞控计算机的指令，按规定的静态和动态要求，通过对无人机各控制舵面和发动机节风门等的控制，实现对无人机的飞行控制；机载导航飞控软件（简称机载飞控软件）是一种运行于飞控计算机上的嵌入式实时任务软件，不仅要求功能正确、性能好、效率高，而且要求其具有较好的质量保证、可靠性和可维护性。无人机导航飞控系统的传感器相当于人的耳朵和眼睛，导航飞控系统中的飞控计算机相当于人的大脑，而导航飞控系统中的执行机构则类似于人手的功能。

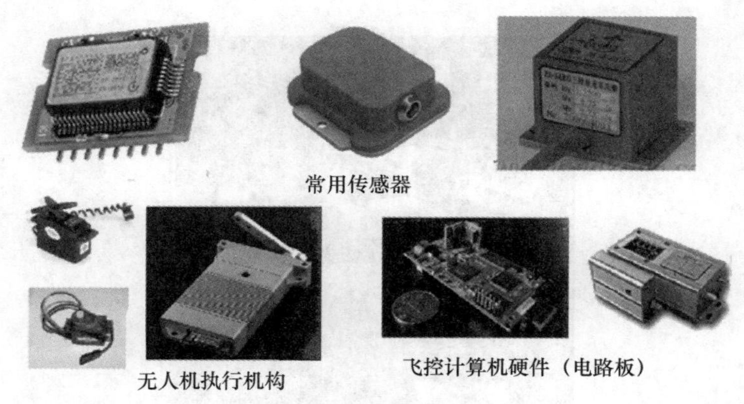

图 3-8　无人机导航飞控系统

(4) 无人机电气系统

无人机电气系统可分为机载电气系统和地面供电系统两部分，机载电气系统主要由主电源、应急电源、电气设备的控制与保护装置及辅助设备组成。电气系统一般包括电源、配电系统、用电设备 3 个部分，电源和配电系统两者组合统称为供电系统。地面供电系统的功能是向无人机各用电系统或设备提供满足预定设计要求的电能。

(5) 任务设备

按任务设备用途，可以分为侦察搜索设备、测绘设备、军用专用设备、民用专用设备等（图 3-9）。侦察搜索设备常用的有光电平台、SRA 雷达、激光测距仪等，测绘设备则是测绘雷达、航拍相机等。

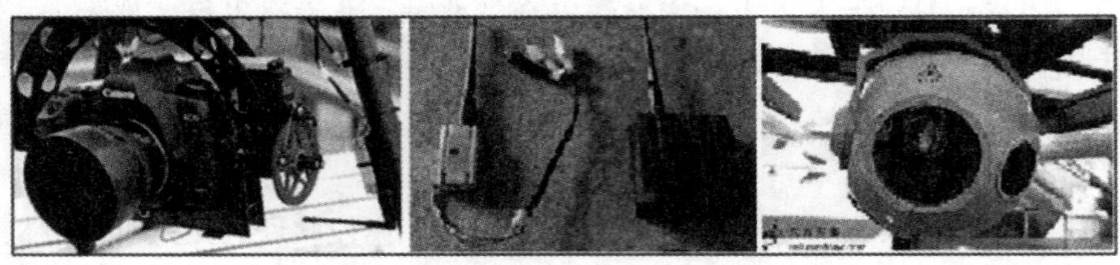

图 3-9　任务设备

（6）控制站

无人机地面站也称为控制站、遥控站或任务规划与控制站（图 3-10）。在规模较大的无人机系统中，可以有若干个控制站，这些不同功能的控制站通过通信设备连接起来，构成无人机地面站系统。控制站由数据链路控制、飞行控制、载荷控制、载荷数据处理等四类硬件设备机柜或机箱构成。控制站包含三类不同功能控制站模块：指挥处理中心模块的功能是制定任务、完成载荷数据的处理和应用，一般都是通过无人机控制站等间接地实现对无人机的控制和数据接收；无人机控制站模块的功能是飞行操纵、任务载荷控制、数据链路控制和通信指挥；载荷控制站模块与无人机控制站模块的功能类似，但载荷控制站模块只能控制无人机的机载任务设备，不能进行无人机的飞行控制。

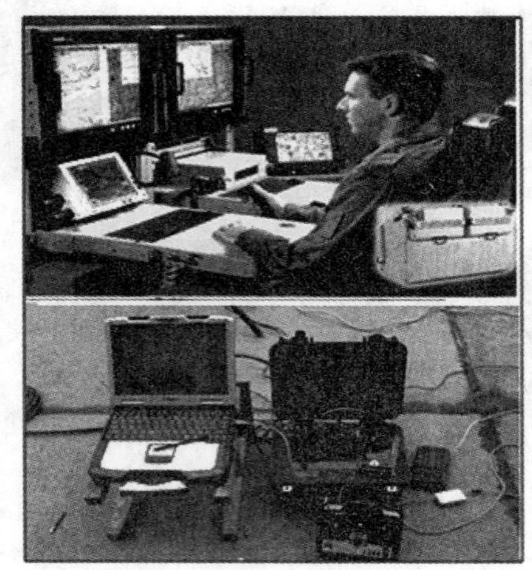

图 3-10　无人机地面站

无人机控制站包括显示系统和操纵系统。

① 显示系统

地面控制站内的飞行控制席位、任务设备控制席位、数据链管理席位都设有相应分系统的显示装置，因此需综合规划，确定所显示的内容、方式、范围。显示系统一般显示三类信息：飞行参数综合显示，显示飞行与导航信息、数据链状态信息、设备状态信息、指令信息；告警视觉显示则一般分为提示、注意和警告三个级别；地图航迹显示可以实现导航信息显示、航迹绘制显示以及地理信息的显示等功能。

② 操纵系统

无人机操纵与控制主要包括起降操纵、飞行控制、任务设备（载荷）控制和数据链管理等（图 3-11)。地面控制站内的飞行控制席位、任务设备控制席位、数据链路管理席位都应设有相应分系统的操作装置。

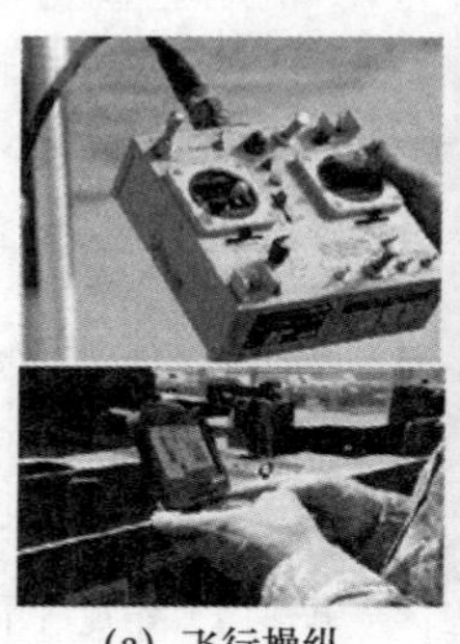

(a) 飞行操纵

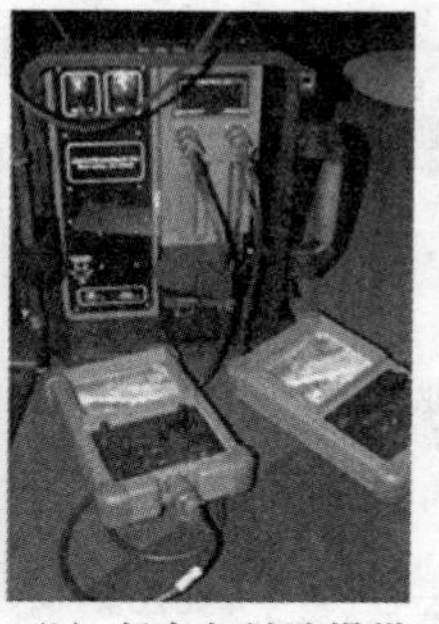

(b) 任务与链路操纵

图 3-11　操纵系统

飞行操纵（包括起降操纵和飞行控制）是指通过数据链对无人机在空中整个飞行过程的控制。无人机的种类不同、执行任务的方式不同，决定了无人机有多种飞行操纵方式。任务设备控制是地面站任务操纵人员通过任务控制单元，发送任务控制指令，控制机载任务设备工作，同时地面站任务控制单元处理并显示机载任务设备工作状态，供任务操纵人员判读和使用。数据链管理主要是对数据链设备进行监控，使其完成对无人机的测控与信息传输任务。机载数据链主要有 V/UHF 视距数据链、L 视距数据链、C 视距数据链、UHF 卫星中继数据链、Ku 卫星中继数据链。

（7）通信链路

无人机通信链路主要用于无人机系统传输控制、无载荷通信、载荷通信三部分信息的无线电链路。根据相关资料可以知道，无人机通信链路是指控制和无载荷链路，其主要包括指挥与控制（C&C)、空中交通管制（ATC)、感知和规避（S&A）三种链路。

无人机通信链路分为两大类：机载终端与天线和地面终端与天线。

① 机载终端与天线。无人机系统通信链路机载终端常被称为机载电台，集成于机载设备中。视距内通信的无人机多数安装全向天线，需要进行超视距通信的无人机一般采用自跟踪抛物面卫通天线。

② 地面终端与天线。民用通信链路的地面终端硬件一般会被集成到控制站系统中，称为地面电台，部分地面终端会有独立的显示控制界面。视距内通信链路地面天线采用鞭状天线、八木天线和自跟踪抛物面天线，需要进行超视距通信的控制站还会采用固定卫星通信天线。

3. 无人机的应用

无人机的应用非常广泛，可以用于军事，也可以用于民用和科学研究。在民用领域，无人机已经和即将使用的领域多达 40 个（图 3-12），例如影视航拍、农业植保、海上监视与救援、环境保护、电力巡线、渔业监管、消防、城市规划与管理、气象探测、交通监管、地图测绘、国土监察等。

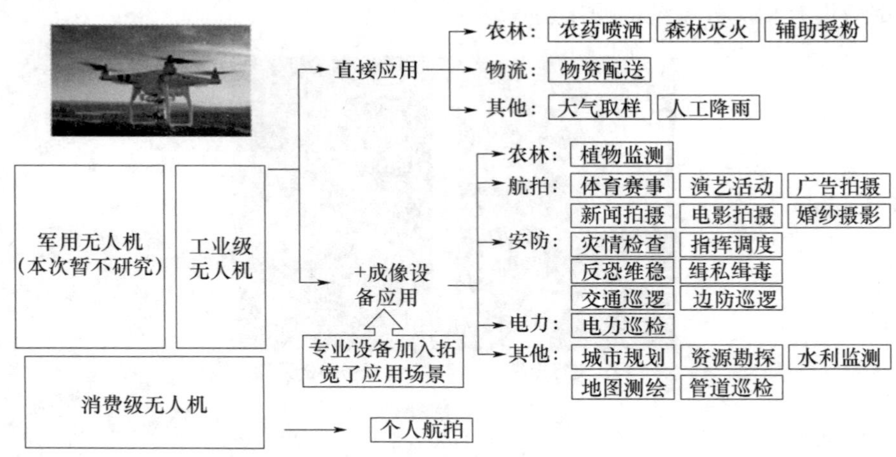

图 3-12 无人机的应用

(1) 无人机在军事上的应用

目前无人机虽然不是战场上空执行空中任务的主力，但也成为不可缺少的重要组成部分。由于无人机是无人驾驶，因而可以把它送到危险的环境执行任务而无需担心人员伤亡。所以世界上各主要军事国家对无人机在军事上的用途十分青睐，美军认为 21 世纪的空中主动权将会主要由无人机科技水平的发展决定。无人机隐蔽性高，机身自重相对轻巧，在战争中能达到出其不意的效果，美军计划用预警无人机取代有人驾驶的预警机，使无人机成为 21 世纪航空侦察的主力。攻击无人机是无人机的一个重要发展方向。由于无人机能预先靠前部署，可以在距所防卫目标较远的距离上摧毁来袭的导弹，从而能够有效地克服反导导弹反应时间长、拦截距离近、拦截成功后的残骸对防卫目标仍有损害的缺点。

(2) 无人机在天气预报上的应用

美国海洋与大气局（NOAA）已着手采用无人机进行天气预报和全球变暖的研究。中国科研人员也曾在第 24 次南极考察中开展了首次极地无人机应用验证实验，在中山站以北的 150m 超低空飞行了 30km，对南极浮冰区进行冰情侦察。

(3) 无人机在森林火灾监控及其他灾害抢险中的应用

在四川汶川大地震和玉树地震的灾难中，中科院遥感所和地理所首批科研人员利用所携带的无人飞机，在交通道路设施毁坏严重、天气条件恶劣的情况下，带回了大量的灾区现场数据资料，为抢救人民群众生命财产安全起到了重要作用。无人机系统还可以用来探测、确认、定位和监视森林火灾，在没有火灾的时候可以用无人机来监测植被情况，估算含氧量和火灾风险指数，在火灾过后也可以用来评价灾后的影响。无人机在灾害天气或者受污染的环境下去执行高危险性的任务时确实具有无可比拟的优势。

（4）无人机在航空摄影测量中的应用

无人驾驶飞行器摄影测量系统属于特殊的航空测绘平台，技术含量高，涉及多个领域且组成比较复杂，加工材料、动力装置、执行机构、姿态传感器、航向和高度传感器、导航定位设备、通讯装置以及遥感传感器均需要精心选型和研制开发。国内主要还是利用固定机翼无人机系统获取地块边界的数字化影像、进行地块面积量算，将尺度不变特征转换（SIFT）应用于影像的自动相对定向，结合最小二乘法实现了影像的自动匹配。无人机摄影测量系统以获取高分辨率空间数据为应用目标，通过 3S 技术在系统中的集成应用，达到实时对地观测能力和空间数据快速处理能力。无人机航空摄影测量系统具有运行成本低、执行任务灵活性高等优点，正逐渐成为航空摄影测量系统的有益补充，是空间数据获得的重要工具之一。

（5）无人机在建筑建设领域的应用

随着各种新型传感器和摄影测量平台的不断发展，基于无人机的数字化测绘技术克服了常规传统航空摄影技术成本高、飞行姿态控制不精确、人工测量手段条件困难等问题，因此，在规划资源数据获取以及小范围快速成图方面得到了蓬勃发展，为城镇规划与管理、道路建设（包括铁路）、厂房设备土石方量计算机位置和朝向确定等建设领域提供了有利支撑。

3.2　无人机数据介绍

1. 相机参数的解析说明

数码相机是目前摄影测量和无人机技术获取影像的主要设备之一，相机参数是影响摄影测量成果的一个重要因素，由于非量测数码相机内方位元素和畸变系数未知，且不够稳定，不能直接进行像位的解析计算，因此使用数码相机获取测量数据时，需要对相机进行检校，即求解相机内方位元素（主距与像主点位置）与多种畸变参数。焦距、像主点坐标、框标、畸变参数等重要参数已知的相机被称为量测相机，其影像具有明确的几何位置关系。而非量测相机的这些参数都是未知的，因此搭载非量测相机存在畸变差、高程精度受限、成果精度受质疑等问题，但是经过校正后的无人机上的相机是量测相机。

1）数码相机误差

数码相机的误差由机械误差、电学误差和光学误差组成，机械误差和电学误差合称为像平面内仿射性畸变差。机械误差是指光学镜头摄取的影像转化为数字化阵列影像这一步产生的误差；电学误差（或行抖动误差）是指影像信号经 A/D（数/模）转换时产生的影像几何误差［即电荷耦合元件（CCD）信号转换中的误差］；光学误差主要是指光学畸变误差，是指物镜系统设计、制作和装配误差引起的像点偏离其理想成像位置的点位误差，主要包括径向畸变差和离心畸变差两类，一般情况下，偏心畸变差远比径向畸变差小，其仅为径向畸变差的 1/5～1/7，对于较好的物镜系统，偏心畸变差影响更小。在进行相机检校时，主要针对相机的光学误差。

2）相机参数

在图像测量过程以及机器视觉应用中，为确定空间物体表面某点的三维几何位置与其在图像中对应点之间的相互关系，必须建立摄像机成像的几何模型，这些几何模型参数就是摄像机参数。因此本节先介绍 2 种模型，然后在此基础上再对相机参数进行说明。

（1）摄像机成像模型

摄像机成像模型通常隶属于以下 4 个坐标系：世界坐标系（X_w，Y_w，Z_w）、相机坐标系（X_c，Y_c，Z_c）、图像物理坐标系（X，Y），计算机像素坐标系（u，v）。根据小孔透视模型，无畸变的线性成像系统的成像过程可以用公式（3-1）表示。其中，f 为镜头焦距，$\mathrm{d}x$、$\mathrm{d}y$ 分别为 CCD（Charge-Coupled Device）在 X 和 Y 方向的像素点间距，即像素分辨率；u_0、v_0 分别为光心在计算机图像像素坐标系中 u 和 v 方向的坐标，$\boldsymbol{R}$ 为世界坐标系到光心坐标系的旋转矩阵，$\boldsymbol{T}$ 为世界坐标系到光心坐标系的位移向量。如图 3-13 所示，摄像机成像模型公式（3-1）的 3 次矩阵乘法对应着摄像机成像过程的以下 3 次坐标变换：从世界坐标系到光心坐标系的旋转和平移变换；从光心坐标系到图像坐标系的透视变换；从图像坐标系到计算机图像像素坐标系的成像变换。

$$\begin{bmatrix} \frac{1}{\mathrm{d}x} & \gamma & u_0 \\ 0 & \frac{1}{\mathrm{d}y} & v_0 \\ 0 & 0 & 1 \end{bmatrix} \times \begin{bmatrix} f & 0 & 0 \\ 0 & f & 0 \\ 0 & 0 & 1 \end{bmatrix} \times [\boldsymbol{R} \mid \boldsymbol{T}] \times \begin{bmatrix} X_w \\ Y_w \\ Z_w \\ 1 \end{bmatrix} \tag{3-1}$$

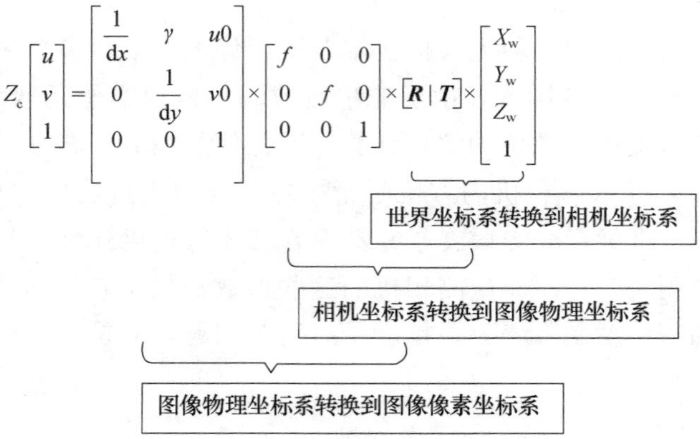

$$Z_c \begin{bmatrix} u \\ v \\ 1 \end{bmatrix} = \begin{bmatrix} \frac{1}{dx} & \gamma & u0 \\ 0 & \frac{1}{dy} & v0 \\ 0 & 0 & 1 \end{bmatrix} \times \begin{bmatrix} f & 0 & 0 \\ 0 & f & 0 \\ 0 & 0 & 1 \end{bmatrix} \times [\boldsymbol{R} \mid \boldsymbol{T}] \times \begin{bmatrix} X_w \\ Y_w \\ Z_w \\ 1 \end{bmatrix}$$

世界坐标系转换到相机坐标系

相机坐标系转换到图像物理坐标系

图像物理坐标系转换到图像像素坐标系

图 3-13　摄像机成像模型公式

（2）镜头非线性畸变模型

摄像机成像过程中的非线性失真来源于多个方面，它们包括 CCD 的制造误差、镜头中的镜片的曲面误差、镜头中各镜片间的轴向间距、多个透镜的对中误差，其中镜头镜片组合间距误差产生的变形最为严重，其次是各镜片本身的曲线误差的影响，这些因素产生的非线性变形综合效果可用数学模型公式（3-2）来表示。在公式（3-2）中，δ_x、δ_y 分别为图像像素点在图像坐标系中 X 和 Y 方向的变形量，x、y 分别是图像坐标系中的像素点的坐标，k_1、k_2、p_1、p_2、s_1、s_2 分别为变形系数。

$$\begin{aligned}\delta_x &= k_1 x(x^2+y^2)+(p_1(3x^2+y^2)+2p_2xy)+s_1(x^2+y^2)\\ \delta_y &= k_2 y(x^2+y^2)+(p_2(3x^2+y^2)+2p_1xy)+s_2(x^2+y^2)\end{aligned} \tag{3-2}$$

公式（3-2）中包含着径向畸变、离心畸变和薄棱镜畸变。

① 径向畸变

径向畸变是指像点产生的径向位置的偏差，其效果是发生畸变的像点与理论像点间只有径向位移，没有切向位移。产生这种畸变的原因主要是镜头中透镜的曲面误差所致。镜头的径向畸变有两种趋势（图 3-14）：一种是像点的畸变朝着离开中心的趋势，这种畸变又称为鞍形畸变或正向畸变；另一种是像点的畸变朝着向中心点聚缩的趋势，这种形式的畸变又称为桶形畸变或负向畸变。径向畸变一般是由镜头的形状缺陷所造成的，其特点是关于相机主光轴对称，因此又被称为径向轴对称畸变。

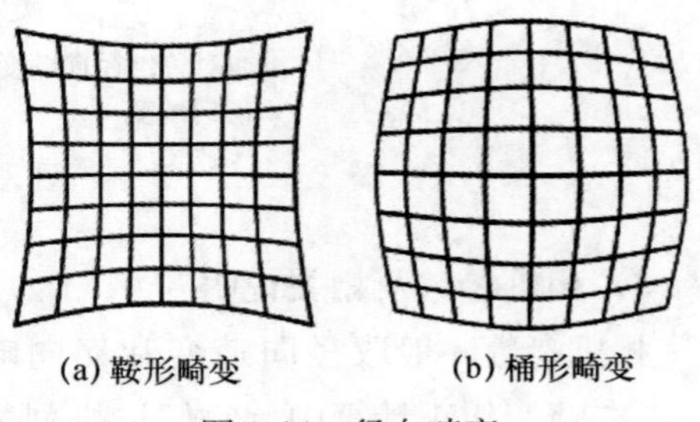
(a) 鞍形畸变　(b) 桶形畸变

图 3-14　径向畸变

径向畸变可以表达为公式（3-3），其中 δ_r 是极坐标为（r，ϕ）像点处的非线性畸变，k_1、k_2、k_3 为径向畸变系数，r 是图像中心到像素点的径向距离，ϕ 为像素点所在的径向直线与 Y 轴正方向的夹角。

$$\delta_r = k_1 r^3 + k_2 r^5 + k_3 r^7 + \cdots \tag{3-3}$$

② 离心畸变

物镜系统各单元透镜，因装配和振动偏离了轴线或歪斜，从而引起的像点偏离其准确理想位置的误差称为离心畸变。离心畸变使构像点沿径向方向和垂直于径向方向相对于理想位置都发生偏离（图 3-15）。离心畸变可以用公式（3-4）来表示，在式子中，δ_{xd}、δ_{yd} 是离心畸变在 x、y 方向的分量；p_1、p_2 为偏心畸变系数；x、y 分别是图像坐标系中的像素点的坐标；$O[(x,y)^4]$ 是有关 x，y 的高阶分量

$$\begin{aligned}\delta_{xd} &= 2p_1xy+p_2(3x^2+y^2)+O[(x,y)^4]\\ \delta_{yd} &= 2p_2xy+p_1(x^2+3y^2)+O[(x,y)^4]\end{aligned} \tag{3-4}$$

③ 薄棱镜畸变

薄棱镜畸变是由镜头设计缺陷与加工安装误差所造成的畸变，它同时引起径向畸变和切向畸变，高价位镜头可以忽略薄棱镜畸变。薄棱镜畸变可以用公式（3-5）来表达，其中 δ_{xp} 和 δ_{yp} 分别表示薄棱镜畸变径向分量和切向分量，s_1 和 s_2 为薄棱镜畸变系数。

$$\begin{aligned}\delta_{xp} &= s_1(x^2+y^2)\\ \delta_{yp} &= s_2(x^2+y^2)\end{aligned} \tag{3-5}$$

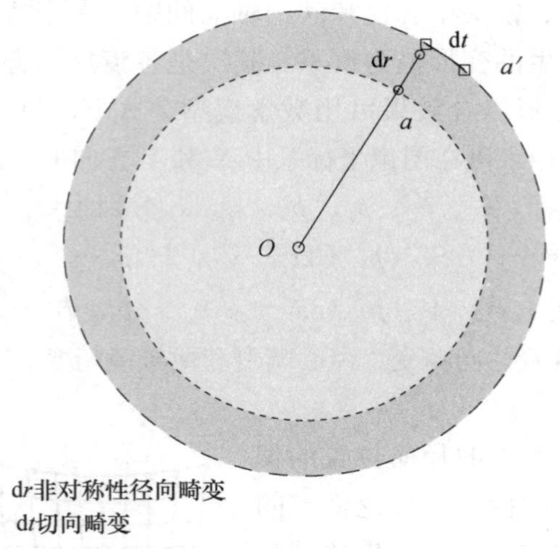

图 3-15　离心畸变

3）相机参数及相关说明

相机参数一般取径向畸变和切向畸变模型中的 5 个畸变参数（k_1、k_2、k_3、p_1、p_2），在畸变纠正计算中，它们被排列成一个 5×1 的矩阵。这 5 个参数就是相机标定中需要确定的相机的 5 个畸变系数。求得这 5 个参数后，就可以校正由于镜头畸变引起的图像的变形失真，图 3-16 显示根据镜头畸变系数校正后的效果。

(a) 校正前　　(b) 校正后

图 3-16　镜头畸变系数校正前后

4）相机检校

相机检校能解算出相机的内方位元素和光学畸变系数。相机参数是影响摄影测量和无人机成果的一个重要因素，在使用数码相机和航摄像机获取测量数据时，需要对相机进行检校，获取相机的参数（包括主矩、像主点位置及畸变参数），大多数情况下这些参数必须通过实验与计算才能得到。

相机检校后可以得到相机检校报告文件，在文件中列出了相机类型、像素、像素大小、像主点位置、焦距、多种畸变参数、参与鉴定的控制点残差的中误差、相机机身和镜头序列号等，部分检校文件如图 3-17 所示。通过相机检校可以为摄影测量或无人机软件提供足够的相机参数。

航空摄影仪器技术参数

鉴定报告

1. 相机类型：CanonEOSSDMarkⅢ _ 35.0 _ 5760x3840

2. 鉴定软件版本：EasyCalibrate

3. 检校结果（像幅 5760 * 3840 像素，像素大小：6.00μm）

单位：像素

序号	校验内容	检校值
1	主点 x_0	−39.9231
2	主点 x_0	33.2642
3	焦距 f	5467.9819
4	径向畸变系数 k_1	0.000000002636073990497341000000
5	径向畸变系数 k_2	−0.000000000000000088931843875938
6	径向畸变系数 k_3	0.000000000000000000000000742448
7	偏心畸变系数 p_1	0.000000173969964574
8	偏心畸变系数 p_2	−0.000000047953671039
9	CCD 非正方形比例系数 α	−0.000087722246
10	CCD 非正交性畸变系数 β	−0.000095876863

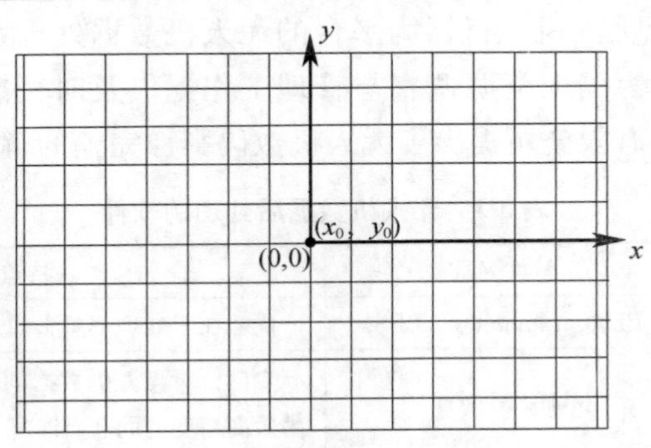

图 3-17　相机检校

2. 无人机影像特点

近二十年来，无人机航空摄影技术因其运行成本低、执行任务灵活性高等优点，逐渐成为航空摄影测量发展的热点方向。在气候条件较差、测区面积较小的情况下，采用低空无人机进行航摄、快速获取测区大比例尺 4D 产品已经成为一种高效、低成本的遥感测绘方式。

无人机航拍影像的特点是：影像像幅小，影像数量多；受限于无人机姿态稳定性，影像旋偏角大；非量测性相机焦距短，影像投影差变形大，并且影像畸变差较大；POS 数据精度低。

由于无人机数据的上述特点，导致无人机数据处理存在以下问题：姿态差，很多软件空三直接处理不过去；影像片子多，自动化程度低；空三精度差，精度不满足要求，或者很多立体像对匹配不上连接点；相机参数不准，造成空三难以匹配；DEM 编辑人工工作量大，DOM 成果房屋变形拉花严重；不能做到快拼和正式成果功能兼备；空三成果不能导入测图软件。综上所述，无人机数据对后期处理软件有很高的要求。

3.3 无人机数据处理软件

针对无人机数据处理中存在的问题，国内外相关软件公司都开发出很多针对无人机数据后处理的软件（表 3-1）。其中使用较多的是航天远景公司的 MapMatrix 系列软件，瑞士 Pix4D 公司开发的瑞士 Pix4Dmapper。

1. MapMatrix 无人机影像解决方案

2004 年成立的武汉航天远景公司是一家从事摄影测量专业软件研发、提供空间信息数字化解决方案、提供数字城市综合解决方案以及 4D 产品制作的高新技术企业。公司主要产品包括：多源地理数据综合处理平台（新型数字摄影测量系统）MapMatrix、数码空中三角测量系统 DatMatrix、正射影像生产工具软件易拼图 EPT、激光雷达数据处理系统 LidarMatrix、可视化三维地理信息数据综合处理及发布应用平台 3DMatrix、从影像到三维的工厂化生产系统 PicMatrix、无人机影像全景图快速拼接系统 FlightMatrix 等。为了研发以无人机飞行器为平台的无人机数据处理系统，用于土地与资源开发利用的实时监测，为国土资源调查与管理工作提供及时、准确、直观的数据和资料，武汉航天远景科技有限公司提出了无人机数码影像完整的解决方法。

表 3-1 无人机数据后处理的软件

公司		软件名称	特点及优势
国外	美国鹰图公司	Photogrammetry（LPS）	优势在于处理卫星影像及大飞机航片
	美国 Trimble 公司	UASMaster	专门针对无人机数据的后处理软件，优势在于自动高效高精度的同名点匹配
	德国 Inpho 公司	Inpho 系统	优势在于空三加密，镶嵌、匀色，也是目前公认空三精度最高的航测软件
	意大利 Menci 公司	Aerail Photo Survey（APS）	优势在于操作方便，便于无基础人员使用
	瑞士 Pix4D 公司	Pix4D mapper	应急测绘中较实用，仅适合快速拼接正摄影像，适合无技术基础人员操作使用
国内	清华山维	EPS 地理信息工作站	从数据采集、成图、编辑处理到数据入库、更新的一系列测绘数据生产流程，用户使用一个平台、一套数据即可完全实现
	航天远景公司	MapMatrix 系列	优势在于采集软件，符合国内作业习惯
	四维公司	JX-4 系列	
	中国测绘研究院	Pixgrad 系列	
	北京航天宏图信息技术股份有限公司	PIEUAV 无人机影像智能快拼软件	

（1）方案处理整体流程

MapMatrix无人机影像解决方案由FlightMatrix、DatMatrix、MapMatrix及EPT四个软件模块组成：利用FlightMatrix全区影像图快速拼接系统进行全自动创建工程、划分航带信息等操作；在DatMatrix软件中进行空中三角测量，求出每张像片的外方位元素并加密出足够的控制点坐标；然后将空三加密成果导入MapMatrix主模块中进行全局匹配，生成DEM和DOM，并在Feature One子模块中进行DLG数据的采集；EPT（易拼图）主要对DOM进行编辑和处理。该软件提供功能丰富的影像编辑功能，所见即所得，完全满足精编正射影像需求。四个软件模块相互配合，在传统的数字摄影测量基础上，完成无人机数据的处理。

（2）MapMatrix无人机影像解决方案的特点

① 空三加密中的特点

可根据已有航飞POS信息自动建立航线、划分航带，也可手动划分航带；完全摒弃传统航测提点和转点流程，可不依赖POS信息实现全自动快速提点和转点，匹配与影像旋偏角无关，克服了小数码影像排列不规则，俯仰角、旋偏角等特别大的缺点；直接支持数码相机输出的JPG格式或TIF格式，无需格式转换；无需影像预旋转，横排、纵排都可实现自动转点，节约数据准备时间；实现畸变改正参数化，方便用户修正畸变改正参数，不需要事先对影像做去畸变即可完成后续4D产品生产；除无人机小数码影像外，还适用于其他航空影像。

② 在DEM、DOM生产中的特点

DEM、DOM生产摒弃传统的基于单模型像方匹配的方式匹配生成DEM模式，采用基于物方匹配的方式生产DEM，既能充分利用小数码高重叠度的这一优势，大大提高匹配精度，同时提供人工干预恢复功能；采用并行化处理方式快速生成全区DEM、DOM，自动调用网内冗余计算能力参与计算，计算任务的分配和计算结果的回收实现全自动化，无需人工干预；提供多种方式高效能的编辑DEM，编辑功能涵盖国内外主流摄影测量软件；全自动批处理匀光匀色，全自动拼接正射影像；提供丰富的影像编辑功能。

③ DLG生产特点

可不需要事先采集核线，采用实时核线测图，节省采核线的时间；根据外方位元素和影像重叠度，自动组合立体像对，采用最佳交会角，达到最好的测图效果，以提高测图高程精度；自动/手动切换立体模型，实现无缝测图，降低接边工作量和立体模型选择工作量，提高作业效率。

2. Pix4Dmapper全自动无人机数据处理软件

瑞士Pix4D公司成立于2011年，经过十多年的不懈奋斗，现在已经成为专业无人机数据处理软件中的佼佼者。Pix4D公司从EPFL（瑞士洛桑联邦理工学院）计算机视觉实验室起家并快速地发展起来，其总部设在瑞士洛桑并在中国上海和美国旧金山设立了分公司。Pix4Dmapper软件由瑞士Pix4D公司研发，是一款集全自动、快速、专业精度为一体的无人机数据和航空影像数据处理软件。软件无需人工过多干预，即可将数千张影像快速制作成专业的、精确的二维地图和三维模型，具有自动生成纹理模型，充分利用硬件资源，支持三维点、线、面、体积的量测和注记等功能。

（1）Pix4Dmapper 软件的特点

Pix4Dmapper 无需人为干预即可获得专业的精度，整个过程完全自动化，并且精度更高，真正使无人机变为新一代专业测量工具。Pix4Dmapper 相比于其他的无人机数据处理软件具有以下特点：

① 无需人为干预即可获得专业的精度。Pix4Dmapper 的出现使得摄影测量进入全新的时代，整个过程完全自动化，不需要专业知识，精度更高，真正使无人机变为新一代外业测量工具。

② 完善的工作流。Pix4Dmapper 把原始航空影像变为任何专业的 GIS 软件都可以读取的 DOM 和 DEM 数据，通过提供 ERDAS、SocetSet 和 Inpho 可读的输出文件，能够与其他摄影测量软件进行无缝集成。

③ 自动获取相机参数。自动从影像 EXIF 中读取相机的基本参数，例如：相机型号、焦距、像主点等。智能识别自定义相机参数，节省时间。

④ 无需 IMU 数据，只需要影像的 GPS 位置信息，即可全自动处理无人机数据和航空影像。

⑤ 自动生成 Google 瓦片。自动将 DOM 进行切片，生成 PNG 瓦片文件和 KML 文件，直接使用 Google Earth 即可浏览成果。

⑥ 自动生成带有纹理信息的三维模型，方便进行三维景观制作。

⑦ 自动生成精度报告。Pix4Dmapper 自动生成精度报告，可以快速和正确地评估结果的质量。显示处理完成的百分比，以及正射镶嵌和 DEM 的预览结果，提供了详细的、定量化的自动空三、区域网平差和地面控制点的精度。

除了上面的特点，Pix4Dmapper 还支持多达 10000 张影像同时处理（图 3-18），在同一工程中可处理来自不同相机的数据。例如，同时搭载近红外传感器和普通相机，可将它们合并成一个工程进行处理。如果所使用的无人机不能同时携带多个相机，只需要分别带着不同的相机，飞行多次，然后合并到一个工程即可。

图 3-18　Pix4Dmapper 工程

（2）生成成果

Pix4Dmapper 具有丰富的成果类型，可以生成 DOM、DSM、Google 瓦片、三维模型、三维点云及空三结果和精度报告。下面介绍软件输出的主要成果：

① 生成正射校正及镶嵌结果

Pix4Dmapper 生成所有影像的正射校正结果，并自动镶嵌及匀色，将测区所有数据拼接为一个大的影像，纠正了所有视角的扭曲，视角扭曲使结果看起来像瓦片（图 3-19）。正射影像具有地理参考点，可以用任何专业的 GIS 和 RS 软件进行显示。软件可输出的格式有 GeoTiFF，TFW、JPG、KML 及 PNG。

图 3-19　正射影像纠正前后对比图

② 生成数字表面模型 DSM

DSM 影像的每一个像素都有一个高度值，可以使用标准的 GIS 软件进行精确地量测体积、坡度和距离，也可以产生等高线。输出的 DSM 格式有 GeoTiFF 和 TFW 点云。

③ 自动生成精度报告

软件自动生成一个 6 页的精度报告，可以快速和正确地评估结果的质量，显示处理完成的百分比（图 3-20），以及正射镶嵌和 DEM 的预览结果，提供了详细、定量化的自动空三、区域网平差和地面控制点精度。

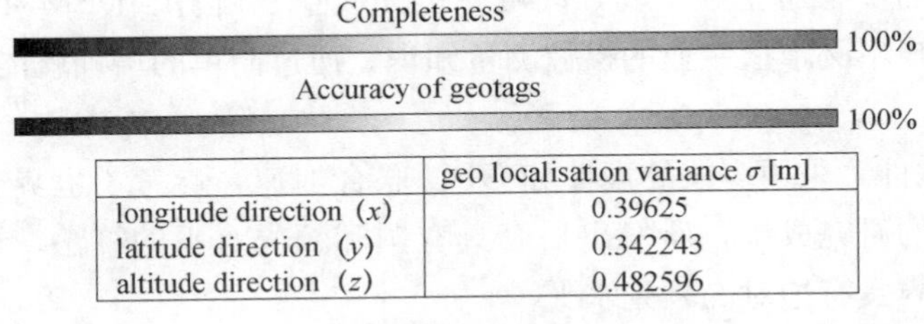

Completeness

100%

Accuracy of geotags

100%

	geo localisation variance σ [m]
longitude direction（x）	0.39625
latitude direction（y）	0.342243
altitude direction（z）	0.482596

完成度及相对精度

图 3-20　精度报告

（3）Pix4Dmapper 应用

Pix4Dmapper 软件广泛应用于国民建设的各个方面：制作基于矿山的 DSM 和 DOM 模型，对矿山进行地表监测，并可以建立三维模型计算矿山土方量；快速生成地表点云数据和 DOM 影像，可以描述复杂的地貌，实现自然资源管理并应用于地质调查和制图；生成精细的三维模型，获取树的高度以及进行各种树木的范围统计，从而实现林业调查；应用于应急灾害，经过数据处理和正射影像可以第一时间确定泥石流和洪水受灾的区域；应用于市政建设，通过生成不同时期城镇的数字正射影像图，从而分析城镇的建设发展情况，为城镇的规划提供可靠的技术支持；应用于农业，将无人机拍摄的不同时期的多光谱影像进行对比分析，提取归一化植被指数（NDVI），从而获得农作物的生长情况，并对农作物的病虫害进行监控。

3. PIE-UAV 无人机影像智能快拼软件

成立于2008年的北京航天宏图信息技术公司，是一家专业从事卫星遥感技术研究与应用的高新技术企业。公司依托中国航天的雄厚优势，以国产遥感卫星专业服务与行业应用为使命，自主研发 PIE（Pixel Information Expert）系列产品，主要产品包括：遥感图像处理平台 PIE、企业应用集成平台 PIE-Integrator、数据共享交换平台 PIE-DXP、三维地理信息平台 PIE-Globe、无人机低空信息处理平台 PIE-UAV 及中国遥感云平台 PIE-Cloud。

PIE-UAV 是航天宏图专门针对无人机低空遥感自主研发的，集无人机影像处理和无人机视频处理为一体的综合平台系统。它提供从数据输入到产品生成的一体化解决方案，具备对飞行时获取的影像和视频进行快速处理的功能。它采用并行处理机制，大幅提高了软件运行效率，能很好地适应无人机海量数据的处理要求；采用插件架构，具有高度的灵活性和可扩展性。PIE-UAV 可广泛用于灾害应急救援、国土资源调查、水资源及环境监测、森林防火、战场评估、数字城市建设等领域。

（1）软件特性

PIE-UAV 是一款功能强大且易用的无人机航拍数据处理软件。它无需人工干预，便可快速完成空三解算、DEM 生成、正射影像拼接等一系列任务，从而生成标准化的 DEM 和 DOM 产品。软件具有以下特性：

① 操作简便

通过向导式的步骤建立好工程，即可一键完成空三解算、DEM 生成、DOM 生成等所有过程。用户不必掌握专业的摄像测量知识，通过简单的培训就能使用。

② 速度快

原生 64 位软件，采用多核处理器和 GPU 联合加速，参考了世界上最新的计算机视觉和人工智能的研究成果，研发出一套具有国际领先水平的算法，使得该软件的处理效率在同行业内具有绝对的领先水平。

③ 精度高

空三解算的中误差优于 0.5 个像元。

④ 支持地面控制点

通过添加地面控制点，正射影像和高程可以达到测绘精度。

⑤ 软件自检校功能

可以通过相片进行自动近似解算相机畸变参数，即使相机没有事先经过检校，也可以进行处理。

⑥ 适用范围广

该特性体现在三个方面，一是地理环境适用范围广，无论是城镇、农村区域等人口密集区域，还是草原、森林、山地、丘陵和荒漠戈壁等无人区域，都能轻松应对；二是对航带和飞行姿态的要求放低，无论是按照规则的航带拍摄，还是应急时按不规则的航带进行拍摄，甚至是在恶劣环境下拍摄时飞行偏角过大，对这些特殊状况下获取的数据都能智能处理；三是无需控制点就可生成快拼图，在应急项目或其他对处理精度要求不是特别高的情况下，无需添加控制点，只根据曝光点的粗略位置信息，就能生成全分辨率的快拼图。

（2）软件处理流程

PIE-UAV 软件处理流程如图 3-21 所示。

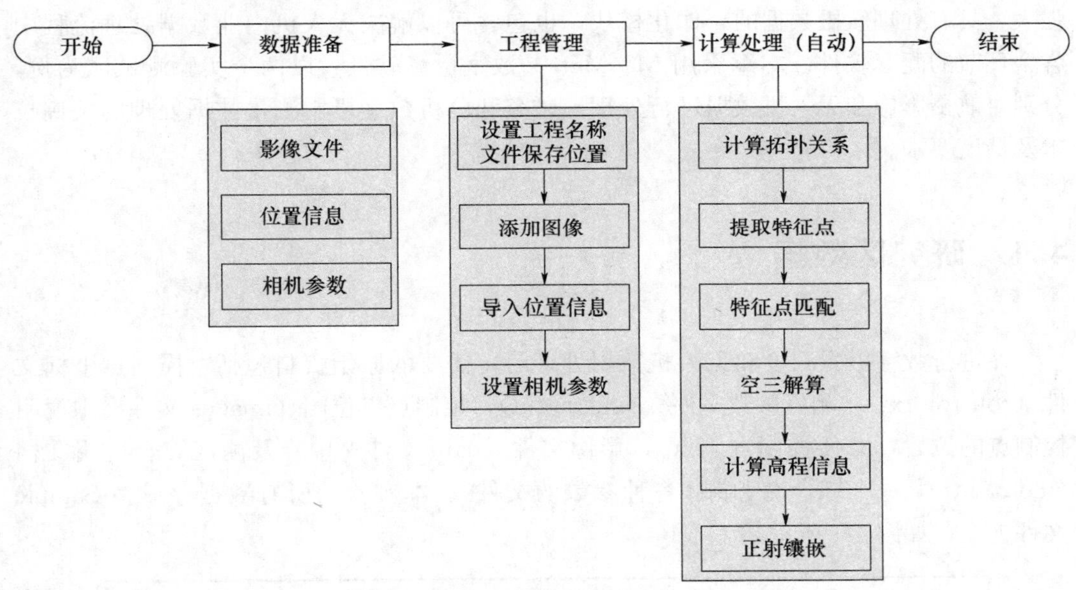

图 3-21　PIE-UAV 软件处理流程

数据处理流程清晰，从数据准备、工程管理到计算处理、工程结束，每一步都提供自动化工具，从任务开始到任务结束简单明了。在这里需要注意的是，软件支持的相片格式有 JPG 和 TIFF 两种；同一个工程内的相片，可以是不同架次，但必须是同一个相机（单镜头）拍摄，并且焦距要相同；为了使软件能最高效地工作，单张图像的大小一般在 10～50M，处理图像的数量在 10～2000 张范围内。

第 4 章　数字摄影测量数据处理关键技术

目前国内的数字摄影测量软件平台主要有适普软件公司的 VirtuoZo 数字摄影测量系统、武汉航天远景 MapMatrix 数字摄影测量系统和北京四维软件公司的 JX-4 数字摄影测量系统。其中最具有活力的数字摄影测量平台是航天远景的 MapMatrix 系统，该平台在数字摄影测量行业的市场占有率是最高的。MapMatrix 数字摄影测量系统功能强大，具有处理航摄数据的一体化模块，也包含可以解决无人机内业数据处理流程中各个环节的配套软件。本章采用 MapMatrix 数字摄影软件，以两个实验测试区为例，分别对航摄影像和无人机数据进行处理，研究和分析数字摄影测量数据处理的关键技术及精度要求。

4. 1　研究区数据

在进行数字摄影测量和无人机数据处理时，需要的原始资料包括：控制点坐标文件（control. txt），相机参数文件（camera. txt），控制点点位图（images 文件夹中说明控制点的位置，方便控制点刺点），影像文件（data 文件夹中）及测区综合说明文档(index. htm，一个综合说明测区各种参数的文件）。本实验的所有数据存放在 Sample 文件夹中，如图 4-1 所示。

data	2018/6/19 9:27	文件夹	
images	2015/5/22 13:36	文件夹	
camera.txt	2005/8/2 14:17	文本文档	1 KB
control.txt	2005/8/8 17:31	文本文档	1 KB
index.htm	2014/2/14 13:55	360 se HTML Do...	13 KB

图 4-1　Sample 文件夹

1. 影像文件

本实验的影像文件存放在 data 文件夹下有两个航带，共 6 张影像，影像分辨率为 0. 040m。每张航片的名称代表了航片的位置排序，如图 4-2 所示。

2. 相机参数文件

相机参数文件主要包括相机的主距 f，主点偏移 x_0、y_0（像主点在框标坐标系中的坐标值），四角框标的坐标值及畸变系数（包括径向畸变系数和切向畸变系数），如图 4-3所示。

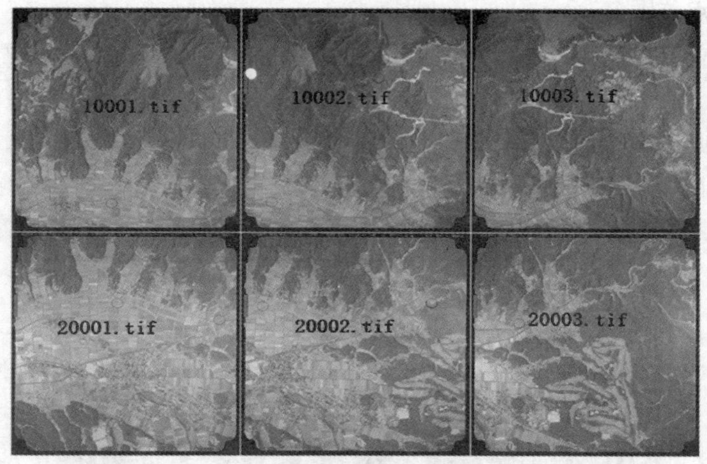

图 4-2　测区影像分布图

```
0.000000 0.000000——主点偏移
153.560000——像主点
1 -106.000000 -106.000000 ┐
2 -106.000000 106.000000  │ 框标
3 106.000000 106.000000   │ 坐标
4 106.000000 -106.000000  ┘
Len_distortion_parameters: ┐
0                          │
0.000000                   │ 畸变
0.000000                   │ 参数
0.000000                   │
0.000000                   │
0.000000                   ┘
```

图 4-3　相机参数文件介绍

3. 控制点坐标文件

这个测图所有的控制点点号和控制点 X、Y、Z 坐标值以一定的格式保存在 control. txt（控制点文件）中，文件第一行第一列一般记录控制点总数，从第二行开始记录控制点的信息，具体如图 4-4 所示。控制点坐标需要外业用 GPS 或全站仪测量并解算得到的，一般为地面测量坐标系（如 Xian1980，Beijing1954 坐标系等平面坐标系及黄海高程坐标系等）。

15—— 控制点总数			
9001	82040.22522	183812.825	234.780186
9002	83142.1803	183418.776	47.472021
9003	83215.18979	181758.5329	33.644851
9004	81946.63096	181803.2723	19.757144
9005	82001.76717	182704.4422	53.560218
9006	83092.80833	182803.0666	138.455176
9007	83187.79843	183689.1919	3.458027
9008	83846.23683	183933.6708	1.197635
9009	83908.21954	182944.1537	161.602597
9010	83991.18309	181945.8446	53.604996
9011	83186.58431	180594.5662	41.990307
9012	81977.65667	180555.6536	28.376502
9013	82047.69281	181977.9048	19.707374
9014	83237.16416	182381.4682	54.020748
9015	84051.00678	180518.1663	88.028732
点号	X坐标	Y坐标	Z坐标

图 4-4　控制点文件

4. 控制点点位图

控制点点位图是控制点测量点位示意图。如图 4-5 所示，在控制点缩略图上找到影像的大概方位，在控制点点位图上确定控制点的准确位置，控制点资料中提供了控制点点位说明。通过缩略图、点位图和控制点资料就可以准确确定控制点的位置，这在绝对定向的控制点刺点中非常重要。

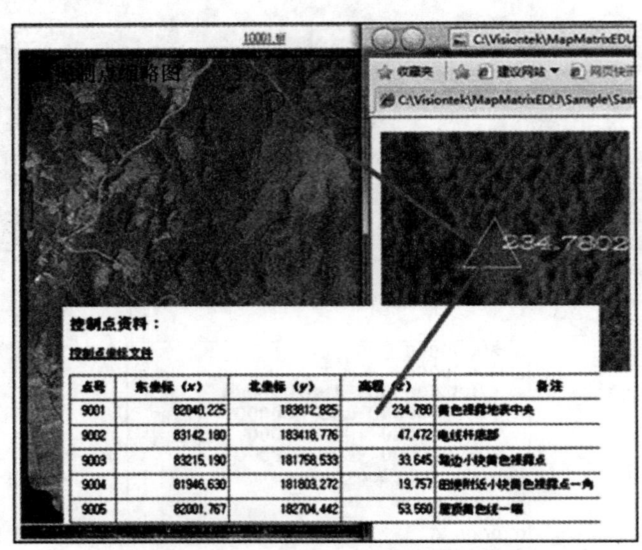

图 4-5　控制点点位图、缩略图和控制点资料

5. 测区综合说明文件

本实验数据还提供了一个测区综合说明文件（index. htm），用浏览器打开该文件即可查看到实验数据的所有信息：控制点资料信息、相机检校参数信息（包括分辨率）、影像航带信息、控制点位置信息等。这是十分重要的资料，建议在操作时打开该文件。

4. 2　影像定向

影像的定向操作是摄影测量和无人机影像数据处理的重要步骤，在生成 DEM、DOM 和 DLG 产品之前都需要对数据进行影像定向或者在空三加密中完成影像定向，影像定向的精度直接影响后面的 DEM、DOM 和 DLG 产品精度。

1. 影像定向概念

在数字摄影测量中的定向一般包括：内定向、相对定向和绝对定向。目前数字摄影测量系统基本实现了自动内定向和自动相对定向，绝对定向还需要依赖外业控制点坐标的获取，人工刺点，没有实现全自动。

（1）内定向：就是将扫描坐标转换成像坐标的过程，主要步骤包括框标模板的建立，自动框标量测，内定向参数解算（图 4-6）。内定向精度一般为扫描分辨率的 1/2 到 1/3。

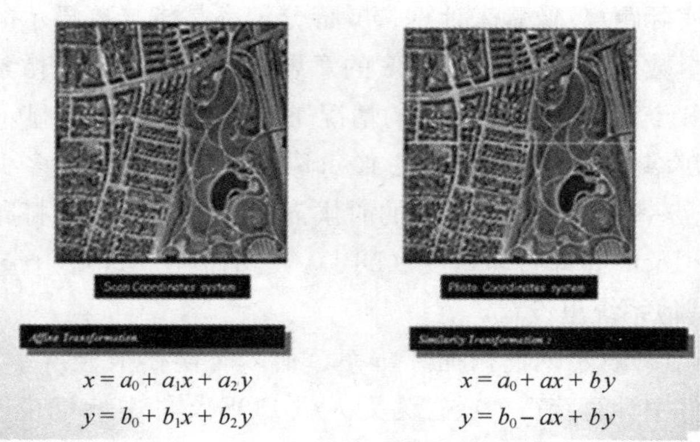

图 4-6　内定向参数解算模型

（2）自动相对定向：随着计算机技术的发展，目前绝大多数的数字摄影测量软件实现了自动内定向，自动相对定向的关键技术在于影像匹配，即寻找同名像点，其次是相对定向参数的计算。相对定向精度一般为扫描分辨率的 1/2 到 1/3。

（3）绝对定向：将相对定向建立的立体模型进行缩放、选择和平移，使其达到绝对位置（图 4-7）。绝对定向需要借助地面控制点来完成。数字摄影测量软件的绝对定向还依赖于人工干预。

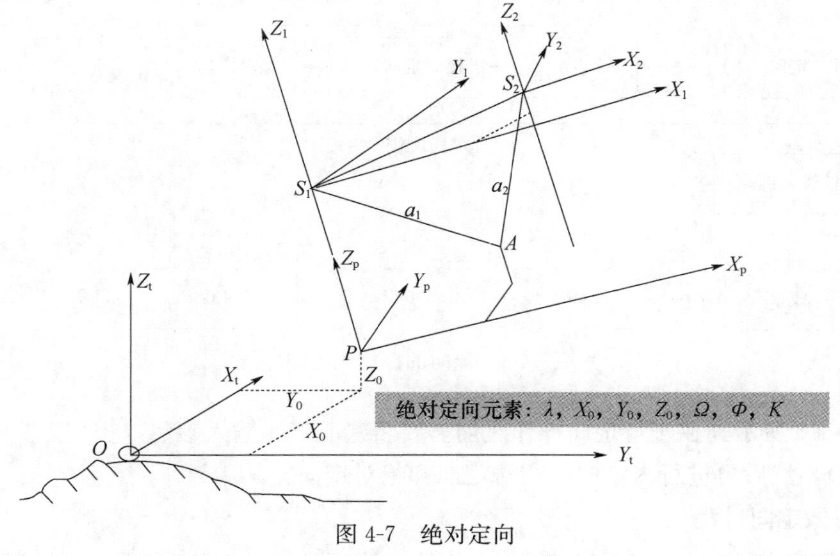

图 4-7　绝对定向

2. 分辨率参数及计算

MapMatrix 软件中有几个地方涉及分辨率的概念，主要包括：原始影像分辨率、影像地面分辨率、扫描分辨率、屏幕分辨率、正射影像分辨率和打印分辨率。原始影像分辨率（即扫描分辨率）在数码影像中是指影像上一个像素在 CCD 上的实际尺寸，而对胶片像片则是指扫描进入电脑时扫描仪设置的扫描尺寸，在 MapMatrix 中要设置扫描分辨率；影像地面分辨率（多用于遥感影像）是指一个像素对应的地面大小，用公式地面分辨率＝实际距离/像素来计算；屏幕分辨率是指屏幕显示的分辨率，也就是屏幕上显示的像素个数，分辨率 160×128 的意思是水平方向含有像素数为 160 个，垂直方向像素数为 128 个，屏幕尺寸一样的情况下，分辨率越高，显示效果就越精细和细腻；正射影像分辨率是指生成的正射影像每像素代表地面实际多少距离，单位一般为米（m）；打印分辨率一般在图像输出的时候需要设置，它是指打印机在每英寸能打印的点数（Dot Per Inch），即打印精度（DPI），这个值在 MapMatrix 系统里不支持设置，一般在 PS 等其他系统里设置。

在 MapMatrix 中一般要设置扫描分辨率，很多时候扫描分辨率不是直接给出的，需要在相机检校文件中计算获得，或在为无人机 POS 文件中计算获得。例如已知影像的尺寸为 6.1700mm×4.6275mm，而影像的像素大小为 4896×3672，此时我们可以计算得到扫描分辨率大小为 6.17/4896＝4.6275/3672＝0.00126mm，在进行内定向之前一定要正确设置影像扫描分辨率。

3. 定向操作流程图

定向操作流程图如图 4-8 所示。

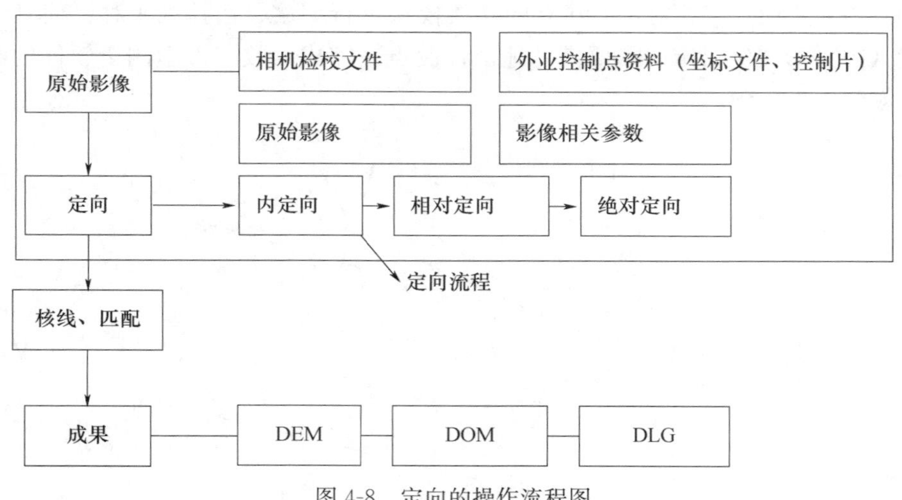

图 4-8　定向的操作流程图

如图 4-8 所示，在进行定向操作之前需要新建航带、输入参数（控制点文件、相机参数文件），然后再进行内定向、相对定向和绝对定向。

4. 影像定向过程

影像的定向操作是在 MapMatrix 主模块中进行的，在进行影像定向之前，要根据测区航带分布情况新建测区并进行参数设置。新建测区包括：设置测区类型（本书设置为“量测相机”）；引入影像文件及添加、删除航带（本实验数据为 2 个航带）；修改影像的分辨率（0.040m）。在参数设置中需要设置相机参数并编辑绝对定向中使用的控制点数据。

（1）内定向

MapMatrix 的内定向基本实现了全自动，很少需要人工干预。影像内定向分为单张影像的内定向和批量内定向。全自动内定向结束后还需要打开细节窗口进行精细调整，图 4-9 为精细调整后的效果（测标与框标中心重合）。此外，内定向的精度要求是扫描分辨率的 1/2 到 1/3，也就是达到 0.02m 左右（实验数据中影像扫描分辨率为 0.040m），从图 4-10 的内定向输出窗口中可以看出，实验数据内定向结果满足精度要求。

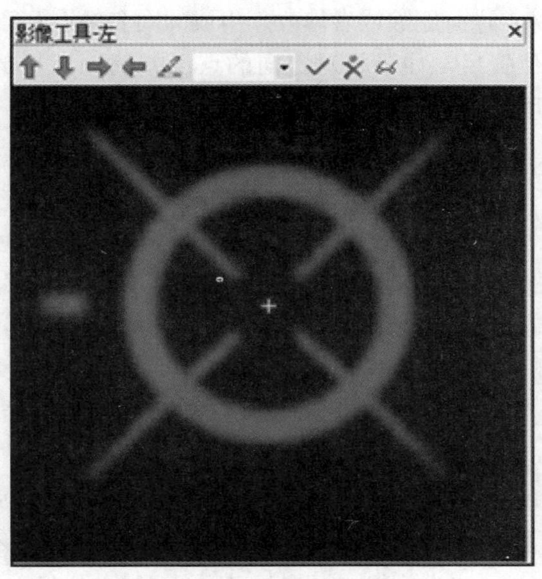

图 4-9　测标与框标中心重合

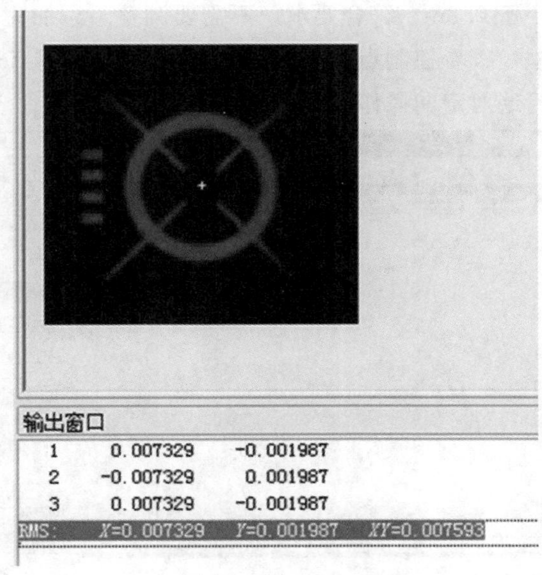

图 4-10　内定向输出窗口

（2）相对定向

在进行相对定向之前需要创建立体像对，在立体像对中寻找同名像点。MapMatrix自动生成立体像对后，根据航飞实际情况填写像对的重叠度（0.65），传统胶片一般都在65%左右，数码从65%～90%均有。全自动相对定向之后，可以在影像上看到很多小红十字标注的同名像点，同时在对象属性窗口中列出找到的同名像点，并按残差从小到大进行排列，重点关注排列在后面点的残差值是否超限，残差的单位为毫米（mm）。根据相对定向的精度要求（1/2 到 1/3 扫描分辨率），对相对定向误差在0.02mm以上的同名像点进行删除或者修改。生成的同名像点，经过剔除残差大的点及微调部分同名像点的位置后，如果相对定向的点误差值均满足精度要求，分布均匀，且数量不少于15个即可以认为相对定向完成了。

（3）绝对定向

MapMatrix软件中进行绝对定向的过程主要是建立控制点文件（control.txt）中控制点坐标与像对上同名像点的对应关系，然后进行解算，建立绝对定向模型的过程。其具体操作步骤为：根据实验数据提供的控制点缩略图、控制点点位图和控制点资料查看控制点；在相对定向窗口中添加不在一条直线上的三个控制点，这三个控制点连线所形成的三角形面积要尽可能大；添加三个控制点后就可以进行控制点解算和预测（实验数据中每对立体像对有5～7个控制点），根据控制点预测结果将其他控制点添加上去；最后进行绝对定向并保存定向结果。

绝对定向中的精度控制是在添加完第三个控制点后，自动弹出【调整】对话框（图4-11），在【调整】对话框中显示了3个控制点在 X、Y、Z 三个方向上的误差（D_X、D_Y、D_Z），以米（m）为单位。根据规范，练习数据（1∶2000）的控制点误差控制在0.3～0.5m之间，基本上认为结果较好，具体的规范见表4-1。如图4-11所示，本练习的数据误差均小于0.3m，符合要求，不需要调整。添加完其他控制点后，又可以打开【调整】对话框，查看控制点误差，并对误差大的控制点进行调整。满足控制点精度后，就可以进行绝对定向操作，完成影像的绝对定向。

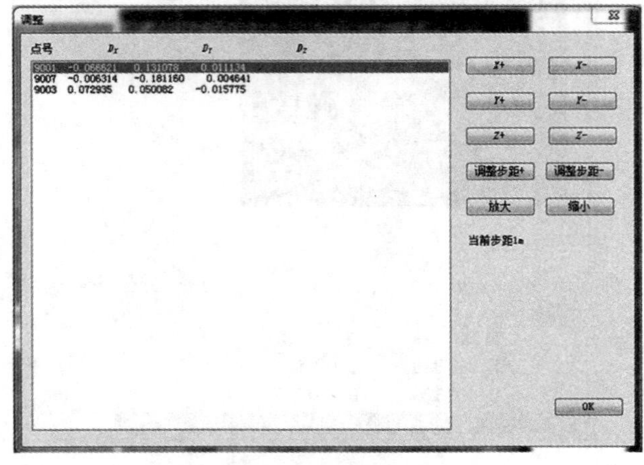

图4-11　调整窗口

表 4-1　绝对定向后控制点限差

地形类别	类别	平面位置限差（m）			高程限表（m）		
		1∶500	1∶1000	1∶2000	1∶500	1∶1000	1∶2000
平地	基本定向点	—	0.3	0.3	—	—	—
	多余控制点	—	0.5	0.5	—	—	—
	公共点较差	—	0.8	0.8	—	—	—
丘陵地	基本定向点	—	0.3	0.3	—	0.26	0.26
	多余控制点	—	0.5	0.5	—	0.4	0.4
	公共点较差	—	0.8	0.8	—	0.7	0.7
山地	基本定向点	0.4	0.4	0.4	0.26	0.4	0.6
	多余控制点	0.7	0.7	0.7	0.4	0.6	1.0
	公共点较差	1.1	1.1	1.1	0.7	1.0	1.6
高山地	基本定向点	0.4	0.4	0.4	0.4	0.75	0.9
	多余控制点	0.7	0.7	0.7	0.6	1.2	1.5
	公共点较差	1.1	1.1	1.1	1.0	2.0	2.4

注：1. 基本定向点残差为加密点中误差的 0.75 倍；
2. 多余控制点的不符值为加密点中误差的 1.25 倍；
3. 公共点的较差为加密点中误差的 2.0 倍。

4.3　DEM 和数字正射影像的制作

数字高程模型 DEM 被用于各种线路（铁路、公路、输电线）的设计及各种工程的面积、体积、坡度的计算，任意两点间可视性判断及绘制任意断面图。在测绘中，DEM 被用于绘制等高线、坡度坡向图、立体透视图、制作正射影像图与地图的修测。因此 DEM 制作是数字摄影系统最重要的产品之一。数字正射影像（DOM）是基于生成的 DEM 对航摄影像进行纠正获取的，也是数字摄影测量系统最重要的数字产品之一。

4.3.1　从立体像对中获取 DEM

1. DEM 基础

（1）DEM 基本的概念

数字高程模型（Digital Elevation Model，简称 DEM），是通过有限的地形高程数据实现对地面地形的数字化模拟（即地形表面形态的数字化表达），它是用一组有序数值阵列形式表示地面高程的一种实体地面模型，是数字地形模型（Digital Terrain Model，简称 DTM）的一个分支，其他各种地形特征值均可由此派生。

DEM 作为数字摄影测量主要的产品之一，在空间分析和决策方面发挥越来越大的作用。借助计算机和地理信息软件，DEM 数据可以用于建立各种各样的模型。DEM

可以按用户设定的等高距生成等高线图、透视图、坡度图、断面图、渲染图，与数字正射影像 DOM 复合生成景观图，或者计算特定物体对象的体积、表面覆盖面积等，还可用于空间复合、可达性分析、表面分析、线路分析等。

（2）DEM 的表示形式

DEM 有多种表示形式，主要包括规则矩形格网（Grid）与不规则三角网（TIN）等。图 4-12（a）是 DEM 矩形格网构成形式，地面点按一定间隔的矩形格网形式排列，点的平面坐标（x，y）可由起始原点推算而无需记录，地面形态只用点的高程 z 表示。这种规则格网 DEM 存储量小、便于使用又易于管理，是目前使用最广泛的一种形式。但是这种规则格网有时候不能准确地表示地形的结构和细部，导致基于 DEM 描绘的等高线不能准确地表示地貌。不规则三角网（Trangulated Irregular Network，简称 TIN），TIN 表示的 DEM 是由连续的相互联接的三角形组成，三角形的形状和大小取决于不规则分布的高程点的位置和密度。图 4-12（b）是 TIN 格网构成形式，TIN 格网利用原始数据作为格网结点，不改变原始数据及其精度，保存了原有的关键地形特征，能较好适应不规则形状区域且数据冗余小。但是 TIN 的数据结构较为复杂，存储数据量大，构建时计算量大。Grid-TIN 混合网是目前 DEM 模型经常采用的表示方式，在地形变化不大、比较平坦的区域采用 Grid 网；在地形变化剧烈的地区如悬崖、峭壁则采用 TIN 格网。这两种方式相互混合既能很好地表达地貌的情况，而且也不易造成数据冗余。

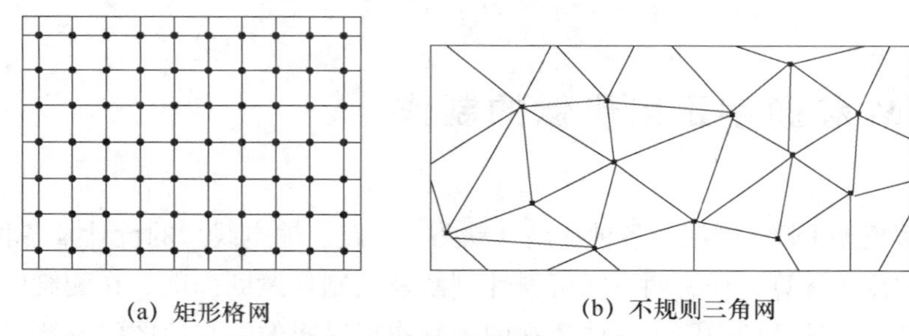

(a) 矩形格网　　(b) 不规则三角网

图 4-12　DEM 两种主要表示形式

（3）DEM 的数据获取

DEM 的建立过程，首先按一定的数据采集方法，在测区内采集一定数量离散点的三维坐标，这些点被称为控制点，以这些控制点为框架，用某种数学模型拟合，内插大量的高程点，以便建立符合要求的 DEM 模型。这些控制点是建立数字高程模型的基础，获取这些点的方式有四种：野外实地测图、数字化仪采样、数字摄影测量和遥感系统直接测得。

① 野外实测

野外实地测图法就是采用地形测量的方法，把所有测量的细部点的坐标输入到计算机中。目前有两种作业方法：一种是利用常规经纬仪把测量结果在野外人工地输入到电子手簿，然后再把数据传输到计算机，由计算机处理野外测量结果；另一种是用全站型仪器，野外测量结果自动记录在电子手簿中，然后通过接口装置把野外测量数据传输到计算机。这种方法具有可实地测量、测量结果准确等优点，但是测量效率很慢，不适合应用于建立大面积 DEM 模型。

② 数字化仪采样

这种方法是在已有的地形图上进行数字化。由于数字化仪所量测的坐标是相对于数字化仪的坐标，该坐标原点一般与测量中常用的坐标不同，而在数据库中，点的位置是以地面坐标形式来存储的，所以必须进行坐标转换。另外在实际生产作业中所使用的图纸通常为蓝晒图或印刷图，这样的图纸一般都存在不同程度的伸缩。因此坐标转换的第一个目的是将数字化仪坐标系坐标转换为大地坐标系坐标，第二个目的就是对图纸伸缩引起的图形变形加以改正。

③ 数字摄影测量方法

目前数字摄影测量系统通过内定向、相对定向和绝对定向之后，基本上可以直接内插生成该地区的 DEM 模型，但是该 DEM 模型在很多地方比如房屋、悬崖、陡坡等特殊地貌处还需要对 DEM 内插点进行编辑，使 DEM 模型符合地表地貌状态。数字摄影测量生成 DEM 的方式一般是以人工和半自动相结合的方式进行。本实验主要用数字摄影测量的方法生成 DEM，并对 DEM 进行编辑。

④ 遥感系统直接测得

利用 GPS、航空和航天飞行器搭载雷达和激光测高仪直接进行数据采集。目前遥感卫星尤其是高分辨率遥感卫星的大量发射（往往搭载雷达），可以直接根据雷达数据构建 DEM 模型。

雷达数据构建 DTM 模型是 DEM 数据采集技术的一大进步，目前主要采用合成孔径雷达干涉测量和机载激光扫描两种方法。合成孔径雷达干涉测量（InSAR）利用了多普勒频移的原理改善了雷达成像的分辨率，特别是方位向分辨率，提高了雷达测量的数据精度。合成孔径雷达测量是通过对从不同空间位置获取的同一地区的两个雷达图像利用杨氏双狭缝光干涉原理进行处理，从而获得该地区的地形信息。机载激光扫描数据采集的工作原理是利用主动遥感的原理，机载激光扫描系统发射出激光信号，经由地面反射后到系统的接收器，通过计算发射信号和反射信号之间的相位差，得到地面的地形信息。对获得的激光扫描数据，利用其他大地控制信息将其转换到局部参考坐标系统即得到局部坐标系统中的三维坐标数据，再通过滤波、分类等剔除不需要的数据，就可以进行建模了。

目前为止，我国已经建成覆盖全国范围的 1∶100 万、1∶25 万、1∶5 万数字高程模型，以及七大江河重点防洪区的 1∶1 万 DEM、省级 1∶1 万 DEM，而省级 1∶1 万数字高程模型的建库工作也已全面展开。

2. DEM 作业流程

MapMatrix 软件中 DEM 的具体作业流程如图 4-13 所示，其中 DEM 生成方法包括三种：传统流程、全区匹配、DLG 内插。

（1）传统流程

根据传统流程生成 DEM 适用于大幅数码影像如 UCD、DMC 以及去过畸变的无人机影像。本实验采用传统流程生成 DEM，其优点是单模型成果实时生成，可实时检查当前成果，而缺点则是步骤多有接边差且必须有合格的相对定向结果。

（2）全区匹配

全区匹配适用几乎全部的数据。其优点为步骤少有接边问题，只依赖于内外方位元素；缺点是存在经长时间的整体计算后所得结果较差的风险。

（3）DLG 内插

DLG 内插生成 DEM 适用于同时生产 DLG、DEM 成果的项目，其优点是精度高，不需要编辑，而缺陷是 DLG 特征采集工时长。

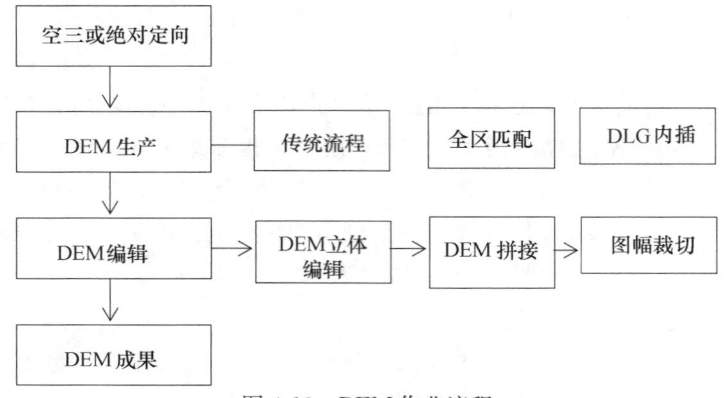

图 4-13　DEM 作业流程

3. DEM 的编辑方式

MapMatrix 数字摄影测量软件中 DEM 编辑的方式分为两种：一是 DEM 编辑模块方式，主要基于点、线、面的方式对 DEM 点进行编辑，工具较为丰富，适合对 DEM 精度要求较高的项目；二是采集模块编辑 DEM 方式，主要利用了采集编辑的便捷性，较适合对采集功能较熟悉的作业员。

DEM 编辑的实质就是修改 DEM 格网点的高程值，即将 DEM 文件中所有点的高程严格按照地貌变化表示出来（去掉一切人为建筑、植被等不代表真实的地表的高程部分），达到能够表达出真实地貌变化的效果。如图 4-14 所示，黑色线代表地表线，树和房子分别为地面上地物，在处理整个 DEM 的过程中，所有房屋和树木上的点都被去除，即将树上或房子上的 DEM 点垂直降到黑色的地表线上，其他类似地物同样处理方式，最后得到的 DEM 渲染效果（图 4-15）。DEM 能够反映地表真实的高低起伏状态，并为 DOM 的生产打下基础。

图 4-14　地边线

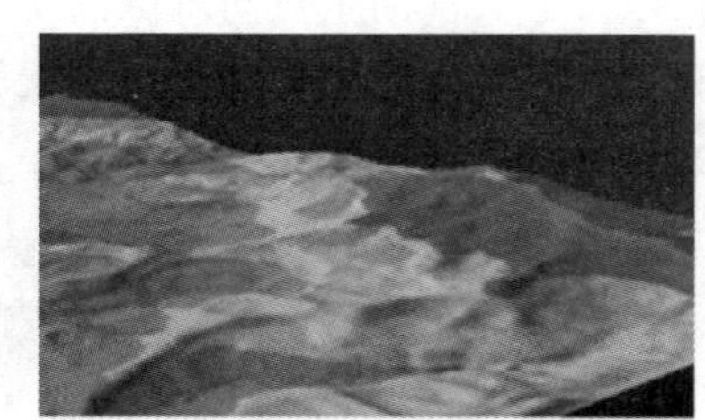

图 4-15　DEM 渲染效果

4. 获取 DEM 的过程

在 DEM 生成过程中需要大量的同名像点，对同名像点进行二维搜索的速度太慢，而一维的核线相关技术可以极大地提高搜索同名像点的速度和精度，在进行核线相关时还涉及核线重采样的概念。获取 DEM 的具体过程如下：

（1）首先要定义核线范围。绝对定向后生成 DEM，需要定义核线范围，核线范围就是生成核线影像的范围，一般选相邻影像的最大重叠区。

（2）定义核线类型。核线类型有模型核线和大地核线两类。模型核线是基于相对定向结果生成的核线影像，具有生成速度快的特点，但是对于飞机拍摄瞬间，如果有倾斜情况，立体也会同时跟随倾斜，对立体作业带来一定的不便；大地核线是基于绝对定向结果生成的核线影像，生成的速度较慢，但是能够很好地解决立体倾斜的情况。为了提高处理速度，在测区数据质量较好的情况下，实验中选取的核线类型为“模型”。

（3）进行核线重采样和影像匹配。定义核线类型后就可以核线重采样并进行影像匹配处理，然后生成 DEM。在这里需要注意的是，MapMatrix 软件中 DEM 均采用规则矩形格网的形式来表达地貌的高程变化，故本质上 DEM 是矩形格网分布的带高程信息的点，而 DEM 间距即是指点与点之间的距离，间距的设置通常与比例尺有较大的关系，具体请查阅相关的规范或者项目设计书内容。

5. DEM 编辑

如果遇到生成的 DEM 跟真实地貌有所出入，可以利用软件中的编辑功能对 DEM 进行相应的编辑工作。在 DEM 编辑中需要注意的是：在进行 DEM 点、线、面编辑的时候，要保证匹配点以及高程线均应切准模型表面；DEM 编辑之后生成的等高线应该与模型套合或者跟相应的地形图做比较，如果不能够反映真实地貌特征，需要进一步修改；如果 DEM 有粗差的存在，应该反复进行匹配编辑直到消除粗差；DEM 编辑中尤其要注意房屋、山坡、沟壑、道路等有地形明显变化的区域，一般都需要进行人机交互编辑；当生成多个 DEM 时，可以对多个相邻 DEM 进行拼接，拼接时要注意 DEM 接边后的超限区域，需要返回立体模式对 DEM 进行编辑修改。

满足上述要求之后就可以制作出质量较好的 DEM，图 4-16 为实验数据生成的 DEM。

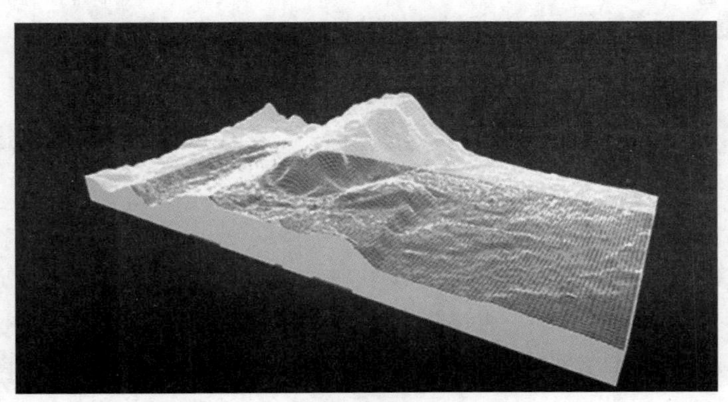

图 4-16　实验数据生成的 DEM

4.3.2 从立体像对中获取正射影像

1. DOM 的概念及特点

数字正射影像，即 DOM（Digital Orthophoto Map）是 4D 产品的一种，数字正射影像是具有正射投影性质的图像，它同时具有地图几何精度和影像特征，是用真实的纹理信息表达地图的一种数据。DOM 是一幅每个像素对应地面固定大小的图像，因此具备可量测对应点地理坐标的性质。

数字正射影像与传统的影像及地形图相比，具有以下基本特征：分辨率高，能局部开窗放大，好判读和容易量测；生产更新周期短，现势性强；信息直观、丰富、一目了然；保存方便，受时间和环境的影响小。

2. DOM 制作方法及流程

目前正射影像图的制作主要是利用高分辨率的卫星影像或航片制作，小范围的也可以利用无人机影像制作，DOM 的制作有以下四种方法：全数字摄影测量方法、单片数字微分纠正、正射影像扫描以及各种像素工程软件制作。本实验主要采用航天远景软件 MapMatrix 进行正射影像的制作，其具体过程如图 4-17 所示。要想生成高质量的 DOM 影像必须保证 DEM 的生成质量或空三成果的正确。

3. DOM 产品的质量要求

标准正射影像产品的质量要求如下：

（1）整幅图色彩均衡，色调一致。

（2）图像清晰，色彩自然，层次分明，目视能明显区分出不同地物。

（3）目视无明显曝光不足和曝光过度的现象，并且无明显的噪点，数学上表现出色彩直方图比较均衡。

（4）无地物出现拉花、扭曲、变形、错位等现象。

（5）每个像素对应实际地面具有相同的空间分辨率。

（6）每幅图的图幅范围（对应地表的范围）都是按要求起始和终止的。

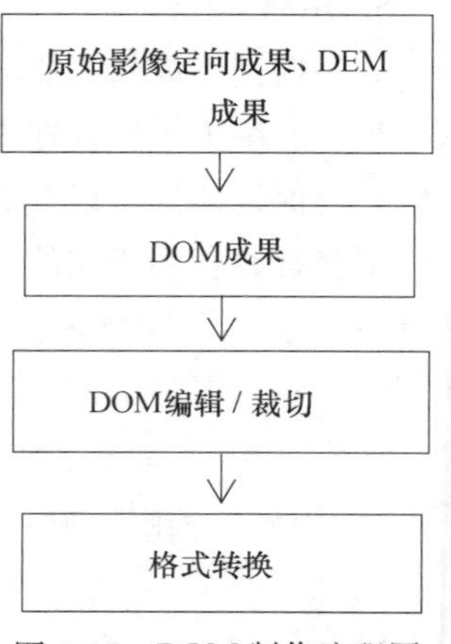

图 4-17　DOM 制作流程图

（7）每幅图上的像素对应的地理坐标同实际地面的地理坐标误差都在限差范围内，表现为几何精度在规定范围内。

（8）每幅图同相邻图幅表现在地理坐标和像素颜色上都是零误差接边的。

4. DOM 编辑

MapMatrix 软件为 DOM 的编辑提供的功能较少，这里推荐航天远景公司针对 DOM 编辑开发的软件 EPT（易拼图），该软件功能强大，对 DOM 可以进行各种编辑、拼接、裁剪、匀光匀色等处理。通过进行匀光、镶嵌、接边等一系列处理之后，就可以得到效果比较理想、精度较高的正射影像图。实验数据生成的部分正射影像图，如图 4-18 所示。

图 4-18　生成的 DOM

4.4　数字立体测图

在前面操作中生成了精度较高的 DEM 和 DOM 之后，本节介绍数字线划产品（DLG）的基本概念、制作方法和制作流程等。数字线划产品 DLG 是空间数据库中的一类重要的数据形式，它主要用于生成地理空间数据库和数字地形图，DLG 包含了空间定位信息、属性信息、图形信息以及拓扑。DLG 应用十分广泛，是最重要的数字摄影测量和无人机数据处理产品之一。

1. DLG 的基本概念

数字线划地图（Digital Line Graphic，简称 DLG）是现有地形图要素的矢量数据集，保存各要素间的空间关系和相关的属性信息，能够全面地描述地表目标。其内容包括行政界线、地名、水系及水利设施工程、交通网和地图数学基础（如高程坐标系和平面坐标系）的矢量数据集，如图 4-19 所示。在数字测图中，最为常见的产品就是数字线划图，外业测绘最终成果一般就是 DLG。DLG 较全面地描述地表现象，目视效果与同比例尺地形图一致但色彩更为丰富。DLG 满足各种空间分析要求，可随机地进行数据选取和显示，与其他信息叠加，可进行空间分析、决策，其中部分地形核心要素可作为数字正射影像地形图中的线划地形要素。DLG 可用于建设规划、资源管理、投资环境分析等各个方面，以及作为人口、资源、环境、治安等各专业信息系统的空间定位基础。

2. DLG 的特点

数字线划地图（DLG）是一种更为方便的可放大、漫游、查询、检查、量测的叠加地图。其数据量小，便于分层，能快速地生成专题地图，所以也称为矢量专题信息（Digital Thematic Information，简称 DTI）。DLG 能满足地理信息系统进行各种空间分析要求，视为带有智能的数据，可随机地进行数据选取和显示，与其他几种产品叠加，便于分析、决策。因此数字线划地图（DLG）的特点为：

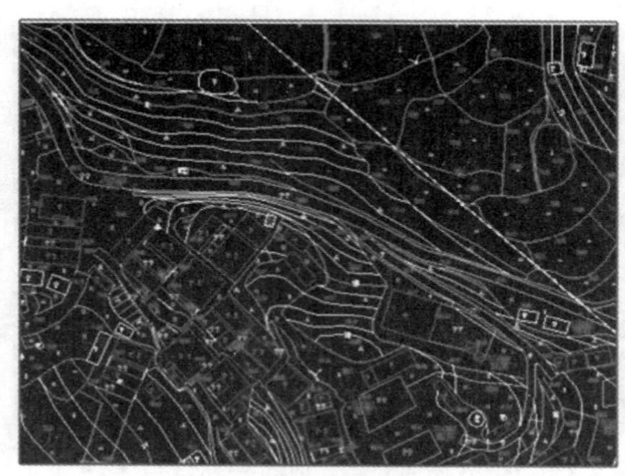

图 4-19　数字线划图

（1）地图地理内容、分幅、投影、精度、坐标系统与同比例尺地形图一致。图形输出为矢量格式，任意缩放均不变形。

（2）DLG 精度高，表现形式多种多样，与 DOM 复合可形成数字正射影像地形图，与 DOM 和 DEM 复合可形成数字立体地形图或数字地面模型（DTM）。

（3）DLG 可满足各种空间分析要求，可进行空间分析和决策，而 DLG 数据的质量对于空间数据库是至关重要的。

（4）适用于国家基础地理信息数据库数据产品加工，即符合产品标准的 4D 数字国际化产品，属于国家基本比例尺地形图系列标准数字测绘产品。

（5）DLG 适用于城市基础地理信息数据库数据产品加工，适用于大型、区域性专业地理信息数据库数据产品加工，可生产出满足专业性地理信息系统需要的 DLG 数据。

（6）相比于传统地图，DLG 野外工作量小，作业成本低，自动化程度高，生产效率高，技术成熟，进度可靠，工艺流程简单。

3. DLG 的制作方法

DLG 的制作方法主要有两种：

（1）利用数字摄影测量系统，采用以人工作业为主的三维跟踪的立体测图方法。数字摄影测量系统都具有相应的矢量图系统，而且它们的精度指标都较高，可以采用先外后内的测图方式及内、外业调绘、采编一体化的测图方式。在 DLG 生产过程中，数字摄影测量系统可以利用航片、无人机影像和高分辨率遥感影像进行立体测图，并且可以实现硬件放大、缩小、漫游操作，因此在一定程度上提高了测图精度。本实验中主要使用的是 MapMatrix 数字摄影测量系统中的 Feature One 模块来进行 DLG 制作。

利用数字摄影测量系统制作 DLG 具有以下优点：基于立体测绘，数据采集直观、方便，拼接裁切处理简便；矢量化数据与地形影像信息叠加，便于高效、高质地进行数据检查、修补测量；野外作业工作量小，作业成本低；自动化程度高，生产效率高，技术成熟，精度可靠；特别适用于大区域、地形连续、全局性 DLG 数据生产和维护。其缺点是：设备硬软件投入大，生产成本较高；对高精度、复杂地形条件下成图误差较大；作业人员要求高、培训复杂。

（2）对现有的地形图扫描，人机交互将其要素矢量化。也就是在 DRG（数字栅格产品）背景数据上，采用人机互交的方式，进行 DLG 数据采集及属性录入，属性数据主要在 DRG 上获取；当有新 DOM 以及专业数据资料时，应参照预处理图，在 DRG 与 DOM 叠合的基础上，以 DOM 为背景对更新要素进行图形采集，同时赋属性值；当发现矢量要素与其 DOM 同名影像位置的套合误差在某些部位超限时，应以 DOM 为准，对矢量要素进行修正。目前常用的矢量化软件（GIS 和 CAD 平台），可以利用矢量化功能将扫描影像进行矢量化后转入相应的系统中。

地形图扫描矢量化方法有以下优点：工艺流程较简单；基于工程扫描仪、计算机等非专业化仪器设备，设备硬软件投入较少，生产成本低；充分利用已有地形图资料生产 DLG 数据；能方便地选用非摄影测绘专业的测绘人员培训上岗作业；充分利用，共享已有的人力资源；特别适用于具备一般测绘工程资质，作业任务单一，生产效益一般的地理信息数据库数据产品加工 DLG 数据。其缺点是：人机交互处理工作量较大，劳动强度高；自动化程度较低；生产周期长、效率低；测绘精度与作业员技术水平关系密切，易出错；大比例尺 DLG 数据产品生产精度较低；矢量化数据与地形信息不能叠加，不便于高效、高质地进行数据检查、修补测量；只能生产已有地形图 DLG 数据产品；不适用于较大区域、全局性 DLG 数据生产。

4. 全数字摄影测量 DLG 制作流程

本书主要以 MapMatrix 软件的 DLG 生成为例，介绍 DLG 的主要制作流程，具体生成流程如图 4-20 所示。

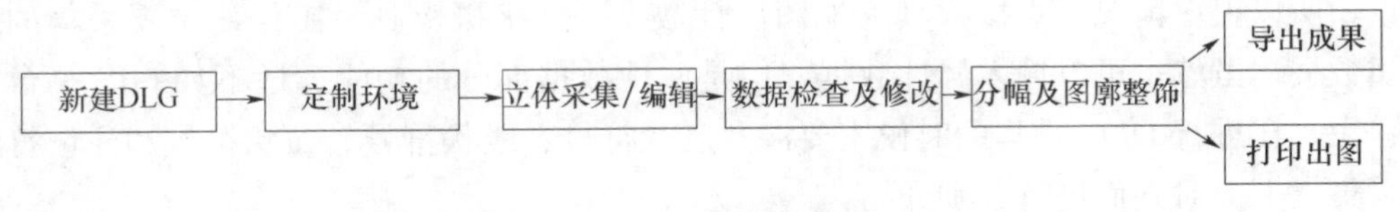

图 4-20　DLG 制作流程

数据的具体处理流程是：在 MapMatrix 主界面中新建 DLG，数字化进入 Feature One 特征采集模块，或者直接装载已有 DLG 的工程文件；在 Feature One 模块中设置工作区属性，并打开立体像对；然后进行立体采集和编辑，包括设置当前层码，立体采集点、线、面以及修改编辑操作；当 DLG 面积较大时还需要进行图幅接边处理，然后进行数据检查；最后导出 DXF（CAD 文件）、shp（ArcGIS 文件）等多种文件格式的成果。

参照图 4-20 数字线划地图的制作流程，DLG 制作过程主要涉及以下九个方面的内容：

（1）新建 DLG。主要包括 DLG 文件名的一般命名规则、图幅比例尺的设置等内容。

（2）Feature One 采集界面。软件各个组成部分的功能以及界面的布局。

（3）手轮脚盘激活及使用。手轮脚盘的作用、激活及使用方法。尤其在采集等高线时需要对手轮和脚盘进行配置。

（4）快捷键设置。将常用的功能设置为快捷键，以提高数据采集的效率。

（5）打开立体像对。Feature One 软件的 3 种打开立体的方式：核线像对、原始像对和实时核线像对。

（6）视图基本功能。介绍软件视图的基本操作：放大、缩小、移动、切换模型方法，手轮脚盘/鼠标调坐标等。

（7）主要要素类型介绍。介绍软件地形图数据包含的要素类型，即点、线、面，并简单介绍了国家标准地形图的规范。

（8）立体采集原则。包括立体采集的整体要求：点、线、面要素的采集原则，以及模型的最优采集范围确认方法等。

（9）立体采集及编辑。按照标准生产流程，依次对道路、水系、居民地、管线、地貌、植被进行采集的方法及注意事项，以及在采集过程中用到的各种命令进行编辑。

5. DLG 数据入库

DLG 是以数字形式记录，反映地表自然与社会现象，并能在计算机屏幕上显示或通过各种输出设备绘制的地图。DLG 主要由空间数据和非空间数据组成，其他还包括几何坐标、比例尺、控制点等数学基础信息。空间数据对应于地图基本要素即实体，所以又称为几何数据。制作地图的过程就是把构成地图要素的点、线、面用点坐标一一记录下来，形成有规律的数字集合。非空间数据主要包括专题数学数据、质量描述数据、时间因素等有关数学的语义信息，因为这部分数据中的专题属性数据占有相当比重，所以很多情况下直接称其为地图属性数据。数字摄影测量工作站主要采集的是空间数据，虽然也可以输入属性数据，但是属性数据部分的功能远远不如 GIS 平台那么强大。在进行 DLG 采集的时候主要涉及点状符号、线状符号、面状符号和注记符号的采集，下面对它们进行分别介绍：

（1）点状符号

点状符号主要是指地图上不按比例尺变化，具有确定定位点的符号，为不依比例符号，只有定位和等级的特点。点状符号可以认为是位于空间的点，如：控制点、居民点、油库、水塔等（图 4-21），其特点是符号大小与比例尺无关，具有定位特征。

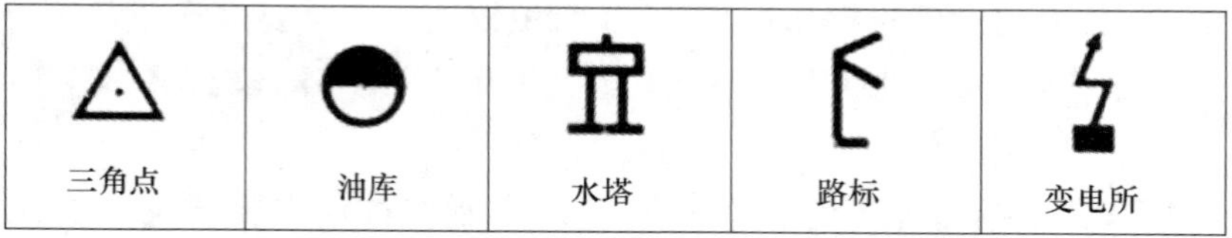

图 4-21　点状符号图例

（2）线状符号

线状符号是指沿某一方向延伸并有依比例的长度特性，但宽度一般不反映实际范围的符号，具有定位特征，为半依比例符号。线状符号的应用实例很多，如各级行政境界线、各级道路、不同通航程度河流、城墙、栅栏、不同类型的海岸线、各种地质构造线、等高线、各种界线等。图 4-22 为几种常见的线状符号图例。

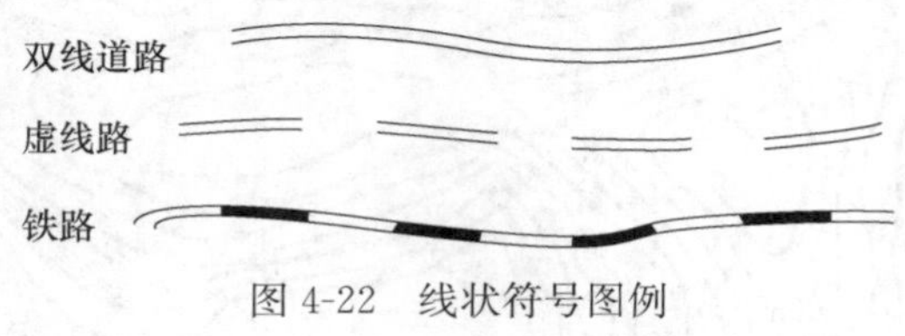

图 4-22　线状符号图例

（3）面状符号

占有相当面积，具有一定轮廓范围的地物，如水域、动植物与矿藏资源的分布范围，均用面状符号表示。面状符号具有定位特征，为依比例符号。面状符号一般由线状边界与重复多次的独立地物组成，常见的几种面状符号如图 4-23 所示。

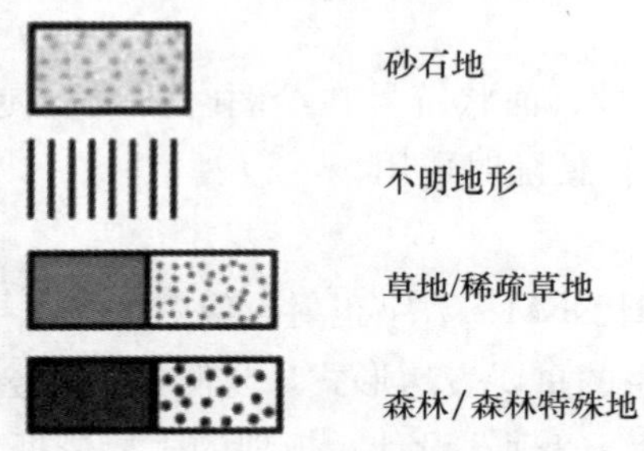

图 4-23　面状符号图例

（4）体积符号

体积符号是表达空间上三维特征的现象的符号。它具有定位特征，可以推想为从某一基准面向上下延伸的空间体。例如，等高线表示地势、等降水量线表示降水、三维矿体等。

（5）注记符号

注记是在地图上表示地理事物的名称和山高水深等的数字。注记常和符号相配合，说明地图上所表示的地物的名称、位置、范围、高低、等级、主次等。注记也属广义的地图符号系统的一部分。注记可分为名称注记、说明注记、数字注记。名称注记是指由不同规格、颜色的字体来说明具有专有名称的各种地形、地物的注记，如海洋、湖泊、河川、山脉的名称；说明注记是指用文字表示地形与地物质量和特征的各种注记，如表示森林树种的注记，表示水井底质的注记；数字注记指由不同规格、颜色的数字和分数式表达地形与地物的数量概念的注记，如高程、水深、经纬度等。如图 4-24所示，图中的等高线已进行了数字和说明标注。

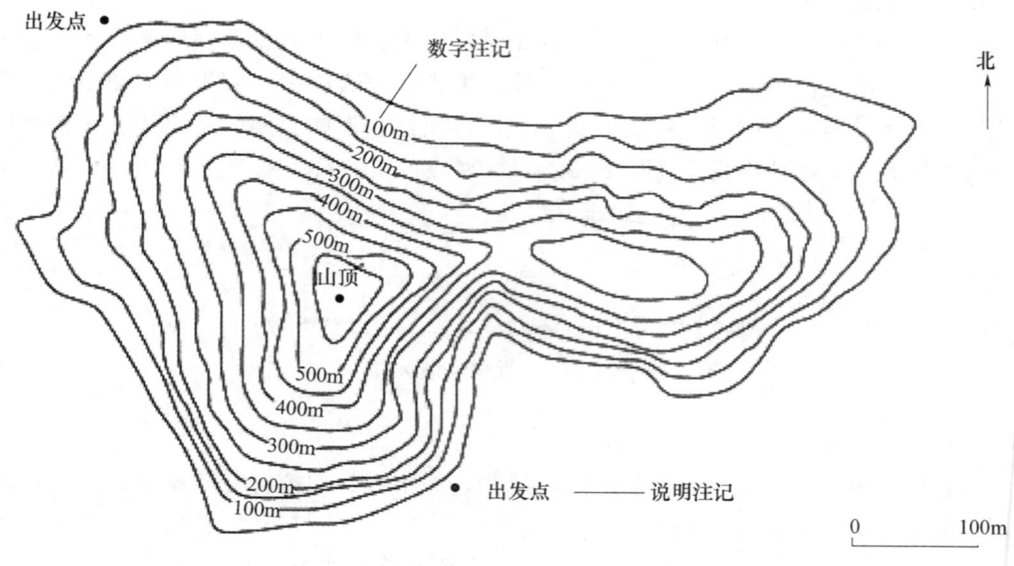

图 4-24 等高线注记

由于点状符号、线状符号、面状符号在绘图时要反复使用，因此应将它们数字化后存储起来，构成符号库，以便随时取用。

6. 应用范围

4D 产品（数字高程模型 DEM、数字正射影像图 DOM、数字线划地图 DLG、数字栅格地图 DRG）是地理信息的重要表达形式，是测绘为社会提供服务的基础，并成为国民经济建设部门进行决策、管理、设计、规划的主要依据，是我国解决人口、资源、环境和灾害等重大社会持续发展面临问题的基本信息手段。目前，全数字航空摄影测量内业生产，已经成为生产 4D 产品的主要手段。DLG 是 4D 产品的重要组成部分，主要应用于：土地使用规划与控制；商场、工厂、交通枢纽等地址的选择；城市建设管理；农业气候区划；环境工程、大气污染监测；道路交通建设与管理；自然灾害、战争灾害、其他灾害的监测估计；自然资源、人文资源、地貌变迁，以及民生产业（医疗、公共事业、服务等）。

7. DLG 制作结果

根据摄区的特点，本实验在 MapMatrix 软件平台的 Feature One 模块采集了道路、小路、铁路、房屋、林地、田地等要素类，同时还采集了该地区等高线和高程点，并经过数据检查及修改，分幅及图廓整饰，得到了最后的结果，如图 4-25 所示。

MapMatrix 数字摄影测量系统生成的 DLG 图可以直接被很多 GIS 平台和图形与设计平台使用。制作好的 DLG 图为 fdb 格式，可以直接导出为其他格式数据，如 CAD 平台的 DXF/DWG 文件、ArcGIS 地理信息平台的 shp 文件、CAS（南方 CASS）文件、军标格式矢量文件、ArcGIS MDB/GDB 地理空间数据库格式文件等。通过数据导出，将 MapMatrix 数字摄影测量系统生成的数据直接转换为其他平台的数据，实现了数据的跨平台通用，保证了数据的可移植性。

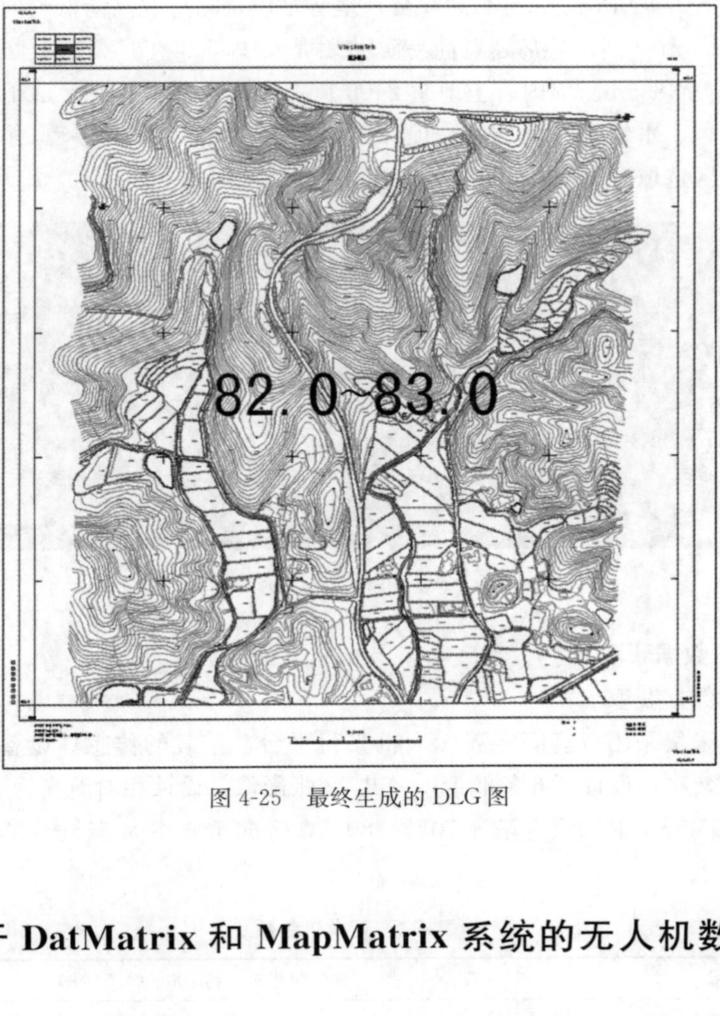

图 4-25　最终生成的 DLG 图

4.5　基于 DatMatrix 和 MapMatrix 系统的无人机数据处理

无人机技术日渐成熟，被广泛地应用于国家建设的各个方面。无人机外业采集软件以及内业数据处理软件伴随着无人机这一行业的快速发展而不断被研发和修改。武汉航天远景公司的无人机小数码影像完整解决方案，其产品包括：FlightMatrix 全区影像图快速拼接系统（测区工程创建）、空三转点 DatMatrix 系统（空三加密）、MapMatrix 系统和 EPT 易拼图软件（DEM、DOM、DLG 生产）。本章重点介绍无人机内业数据处理技术，主要是利用空三转点 DatMatrix 系统（空三加密）、MapMatrix 系统对研究区的无人机影像数据进行全区匹配、DOM 及 DLG 生产。

4.5.1　外业数据获取

1. 研究区域

月亮岛位于湖南省长沙市西北部 14km 处的湘江西岸，因南宽北窄，宛如一轮明月浮卧湘江之中而得名。东部是霞凝港、长沙北站，西部是月亮岛街道。该岛南北长约4230m，东西宽约400m，总面积2500亩，地势平坦，略呈北高南低趋向，平均高度为海拔29.8～32.9m之间，环岛建有简易防洪大堤。1975年在月亮岛上修环形堤垸，周长8150m，堤高38.5m。堤内有土地逾2400亩，盛产水稻、芝麻、瓜子、花生等，并种有柑橘、桑树、水竹等经济林木。堤外土地逾900亩，植以垂柳、意大利杨树、芦苇等。本次测区选取月亮岛的一部分区域，如图4-26所示。

图4-26　研究区域

2. 无人机数据获取

（1）影像数据获取

本次数据采集采用智能固定翼无人机飞行平台，搭载的传感器设备为索尼A7相机。飞行1个架次，设计了6条航带，一共72张影像，设计相对航高为430m，扫描分辨率为0.006530m，航向重叠率为70%～80%，旁向重叠率为55%～65%。无人机参数具体见表4-2。

表4-2　无人机参数

重量	（含照相机）约700g（1.51磅）
翼展	96cm（38英寸）
电池	11.1V，2150mAH
照相机（标配）	1600万像素（可选配1820万像素WX）
最长飞行时间	60min（作业时间45min）
额定巡航速度	40～90km/h（11～25m/s或25～56mile/h）
最大范围（单次飞行）	$8km^2$/3平方英里（海拔974m/3195英尺）
地面采样距离（GSD）	最小1.5cm（0.6英寸）每像素
相对正射影图/3D模型精确度	1～3x解析度（GSD）

（2）POS文件

POS文件记录了飞机飞行时候的位置和姿态。无人机获取的是连续的航空图像，每张图像在拍摄瞬间POS系统会自动记录下相对应的飞行位置、姿态参数，也就是每一张影像对应一行POS数据。这些POS信息在进行数字空中三角测量时可以起到很好的辅助作业，尤其在进行图像拼接的时候，可以利用这些 POS 信息来实现快速拼接成图，确定全景图图幅大小，此外，还可以减少必要地面控制点数量，因此 POS 信息是很重要的。

POS 文件一般由像片编号、像片拍摄日期和时间、飞机拍摄像片时的平面坐标、高度以及飞机飞行姿态等信息组成，一般为 TXT 文本格式，也可以用 Excel 表格打开（图 4-27）。飞机飞行的姿态包括航向倾角（phi），旁向倾角（omege）和像片旋角（kappa）。

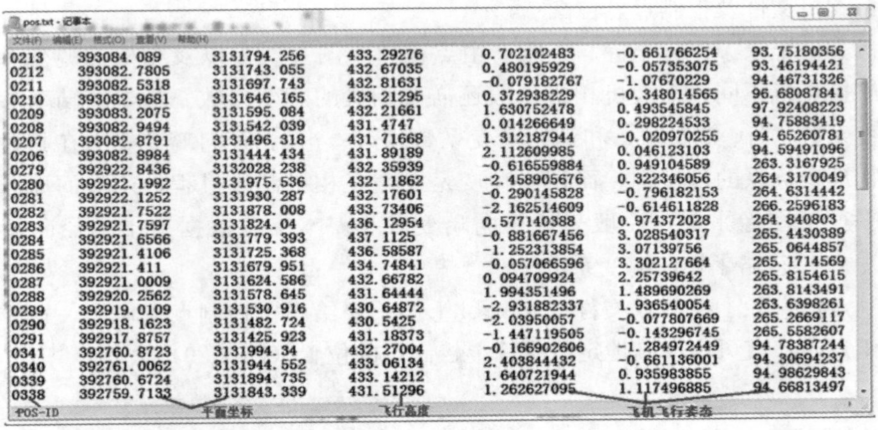

pos.txt - 记事本

POS-ID	平面坐标		飞行高度	飞机飞行姿态		
0213	393084.089	3131794.256	433.29276	0.702102483	-0.661766254	93.75180356
0212	393082.7805	3131743.055	432.67035	0.480195929	-0.057353075	93.46194421
0211	393082.5318	3131697.743	432.81631	-0.079182767	-1.07670229	94.46731326
0210	393082.9681	3131646.165	433.21295	0.372938229	-0.348014565	96.68087841
0209	393083.2075	3131595.084	432.21661	1.630752478	0.493545845	97.92408223
0208	393082.9494	3131542.039	431.4747	0.014266649	0.298224533	94.75883419
0207	393082.8791	3131496.318	431.71668	1.312187944	-0.020970255	94.65260781
0206	393082.8984	3131444.434	431.89189	2.112609985	0.046123103	94.59491096
0279	392922.8436	3132028.238	432.35939	-0.616559884	0.949104589	263.3167925
0280	392922.1992	3131975.536	432.11862	-2.458905676	0.322346056	264.3170049
0281	392922.1252	3131930.287	432.17601	-0.290145828	-0.796182153	264.6314442
0282	392921.7522	3131878.008	433.73406	-2.162514609	-0.614611828	266.2596183
0283	392921.7597	3131824.04	436.12954	0.577140388	0.974372028	264.840803
0284	392921.6566	3131779.393	437.1125	-0.881667456	3.028540317	265.4430389
0285	392921.4106	3131725.368	436.58587	-1.252313854	3.07139756	265.0644857
0286	392921.411	3131679.951	434.74841	-0.057066596	3.302127664	265.1714569
0287	392921.0009	3131624.586	432.66782	0.094709924	2.25739642	265.8154615
0288	392920.2562	3131578.645	431.64444	1.994351496	1.489690269	263.8143491
0289	392919.0109	3131530.916	430.64872	-2.931882337	1.936540054	263.6398261
0290	392918.1623	3131482.724	430.5425	-2.03950057	-0.077807669	265.2669117
0291	392917.8757	3131425.923	431.18373	-1.447119505	-0.143296745	265.5582607
0341	392760.8723	3131994.34	432.27004	-0.166902606	-1.284972449	94.78387244
0340	392761.0062	3131944.552	433.06134	2.403844432	-0.661136001	94.30694237
0339	392760.6724	3131894.735	433.14212	1.640721944	0.935983855	94.98629843
0338	392759.7133	3131843.339	431.51296	1.262627095	1.117496885	94.66813497

图 4-27 POS 文件

(3) 像控点的布设和量测

为了进行空三加密以及拼接各航带的影像，需要在像片上选择一定数量的点，外业测量其三维坐标，这些点称为像控点。本次的像控点采用区域网布点方案，根据研究区范围选取足够数量的控制点。像控点的量测方式采用 GPS-RTK 的量测方式：首先，在测区内较高处的位置架设一台基准站，一台移动站在两个已知点上进行测量，计算四参数；其次进行校点，合格后才能进行像控点的测量；在布设的像控点上依次进行量测，在每个像控点上量测三次，每次量测间隔 2min，每次采用平滑 10 次的模式得到固定解，保证三次的较差在平面上小于 2cm，高程小于 3cm；最后取三次平均值作为观测结果。控制点点号及坐标记录在控制点文件（control.txt）中，部分结果整理见表 4-3。

表 4-3 部分像控点坐标

点号	X	Y	Z
8879	392858.677	3130619.262	48.391
8899	393160.203	3130720.655	45.708
8898	393414.166	3131410.193	40.087
8897	392861.172	3131369.630	55.464
8817	393545.266	3132398.744	47.267

选择控制点时，应注意以下几个方面：其一，部分控制点应选择在测区四角的位置附近，且像控点的位置距像片边缘要大于 1cm 或 1.5cm，这样保证在之后的空三平差过程中不会出现错误且提高软件预测其他控制点的精度；其二，选择的控制点应清晰明了，容易发现，没有遮挡，否则在刺点过程中可能因无法准确找到点的位置而使点作废，且选点时可选在有明显的地标处，如路标，同时记录好点的位置；其三，控制点的数量要足够，需要留出多余的控制点，保证在有报废点的情况下，依旧满足高精度解算的要求。

（4）相机文件及控制点点位图

相机文件记录了框标坐标、主距、主点偏移（图 4-28）以及相机的畸变参数。与前面的航摄相机不同，无人机相机一般还需要相机的畸变参数。相机的畸变参数包括径向畸变系数（k_1、k_3、k_5）和切向畸变系数（p_1、p_2）。径向畸变发生在相机坐标系转图像物理坐标系的过程中。而切向畸变是发生在相机制作过程，产生的原因是透镜不完全平行于图像平面，一般来说切向畸变较小。本实验数据给出了径向畸变系数（k_1、k_3、k_5）忽略了切向畸变系数。

控制点信息除了控制点文件（control. txt），还给出了控制点点位图，这样在进行控制点刺点时，就可以准确地定位像片上控制点的位置（图 4-29）。

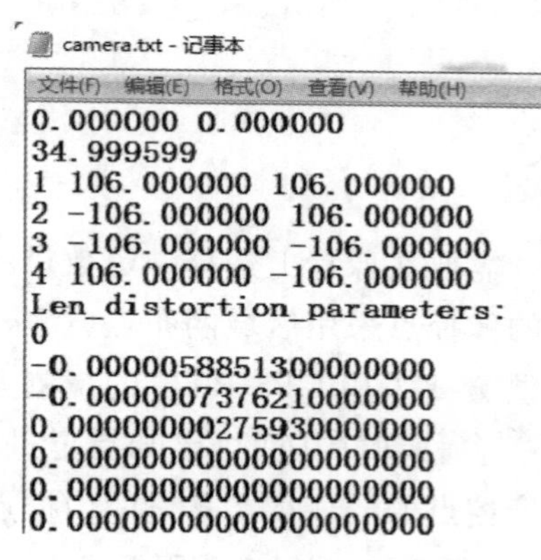
camera.txt - 记事本
文件(F) 编辑(E) 格式(O) 查看(V) 帮助(H)

0.000000 0.000000
34.999599
1 106.000000 106.000000
2 -106.000000 106.000000
3 -106.000000 -106.000000
4 106.000000 -106.000000
Len_distortion_parameters:
0
-0.000005885130000000
-0.000000737621000000
0.000000002759300000
0.000000000000000000
0.000000000000000000
0.000000000000000000

图 4-28　相机文件

图 4-29　控制点点位图

4.5.2　空中三角测量主要流程

1. 自动空中三角测量概述

自动空中三角测量是计算机技术发展到一定阶段，借助计算机强大的计算功能，实现控制点加密和像片外方位解算的过程。空中三角测量是利用一个区域多幅影像连接点的影像坐标和很少的已知影像坐标及物方空间坐标的地面控制点，通过区域网平差计算，求解连接点的物方空间坐标与影像的外方位元素。空中三角测量是后续一系列摄影测量处理与应用的基础，如创建 DTM、正射影像、立体测图等，因此空中三角测量是数字摄影测量中较为重要的功能。一般的数字摄影测量软件都单独设置空中三角处理模块。

传统的空中三角测量非常困难、繁琐，主要是因为加密点的选取和转刺比较困难，刺点和量测的误差较大导致精度难以达到要求。随着数字摄影测量技术的发展，自动空中三角测量技术逐渐取代传统的空中三角测量，成为空中三角测量的主要方法。自动空中三角测量是一种在利用数字影像技术进行空中三角测量的过程中，系统事先在影像上设定的加密点的范围内任意找一点（不一定为明显地物点），然后利用数字相关技术，在相邻影像（左、右邻片和上、下邻片）上找到该点的同名影像并自动记录其像点坐标，最后利用少数地面控制点坐标和其他数据进行解析计算，求出加密点的地面三维坐标的方法，自动空中三角测量中的选点、转点和观测量测实现了自动化，因此被称为自动空中三角测量。

目前主要的自动空中三角测量软件有北京四维软件公司（JX-4）的自动空中三角测量软件 PBBA（Program of Block Bundle Adjustment，简称 PBBA），武汉航天远景公司（MapMatrix）的 DatMatrix 数码新空三系统，适普软件公司（VirtuoZo）推出的 VirtuoZo AAT 自动空中三角测量软件。本节主要通过实例介绍 DatMatrix 数码新空三系统处理数据的流程和主要步骤。

2. 基于 POS 的辅助空中三角测量

目前的数字摄影测量及无人机拍摄像片时多采用 POS 辅助空中三角测量（图 4-30）。POS 辅助空中三角测量是指利用安装在飞机上与数码相机相连接的 GPS 信号接收机，和地面基准站上的一台或多台 GPS 接收机同步且连续接收 GPS 信号，通过 GPS 载波相位测量差分定位后处理技术解算出相机曝光点的空间位置，同时利用惯导系统记录相机曝光时的姿态角，随后将两者组成的 POS 数据作为附加观测值引入摄影测量区域网平差模型，以空中控制代替地面控制，利用统一的平差模型和算法，通过整体平差的方式，解算出影像 6 个外方位元素和地面目标点空间位置，最后对其精度进行评价的理论、技术与方法。机载 POS 是 GNSS/IMU 辅助空中三角测量中的关键要素，准确的机载 POS 数据对提高空三加密成果的精度，具有重要的现实意义。

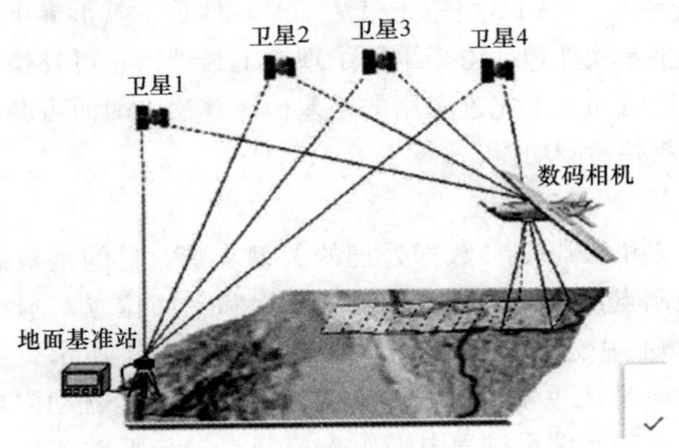

图 4-30　POS 辅助空中三角测量

3. DatMatrix 数码新空三系统及 PATB 软件

（1）DatMatrix 数码新空三系统

这是由航天远景公司自主开发的空中三角测量系统。DatMatrix 数码新空三系统支持普通光学航摄相机、可量测数码相机和非量测数码相机等各种传感器；支持 TIF、JPG、PIX、IMG 等多种影像数据格式；且支持 PATB、BINGO 国际上公认的平差软件进行数据平差。DatMatrix 除了半自动量测控制点之外，其他所有作业，如连接点提取、内定向等都可以由软件自动完成，在很大程度上减轻了工作量，提高了效率。其计算测区中所有影像的所有加密点的地面坐标和外方位元素是利用少量地面控制点来完成的。DatMatrix 数码新空三模块集成 PATB 光束法区域网平差软件，所以粗差检测功能和平差计算功能都很强大，连接点自动提取模块算法先进，效率高，运行可靠且结果精确。DatMatrix 数码新空三模块除了支持一般航摄像片的空三加密，针对无人机小数码影像还具有以下特点：

① 完全摒弃传统航测刺点和转点流程，可不依赖 POS 信息实现全自动快速刺点和转点，匹配与影像旋偏角无关，克服了小数码影像排列不规则、俯仰角、旋偏角等特别大的缺点。即使是超过 80%区域为水面覆盖，程序依旧能匹配出高重叠度的同名像点，整个测区连接强度高。

② 利用 CPU 多核并行和 GPU 并行计算，大大提高了匹配速度。

③ 无需影像预旋转，横排、纵排都可实现自动转点，节约数据准备时间。

④ 实现畸变改正参数化，方便用户修正畸变改正参数，不需要事先对影像做去畸变即可完成后续 4D 产品生产。

⑤ 专门针对中国测绘科学研究院二维检校场和武汉大学遥感学院近景实验室三维检校场检校报告格式研发了傻瓜式批处理影像畸变差改正工具，格式对应，检校参数直接填入，无需转换，方便空三成果导入到其他航测软件进行后续处理。

（2）PATB 空三光束法平差软件

空中三角测量时需要计算加密点坐标和相片的外方位元素，计算量庞大，需要调用 PATB 软件进行平差。PATB 空三光束法平差软件是一款世界上最著名、应用最广泛的光束法区域网平差软件包。由于采用了理论上最严密、可补偿系统误差的自检校光束法平差算法，同时加入了先进实用的粗差检测算法，因而可获得高精度的平差结果，并具有高效的粗差检测功能。

4. 空三处理

空三处理是无人机摄影测量数据处理的关键步骤，目的是根据少量的野外控制点，在室内进行控制点加密，并求得加密点高程和平面位置，本次整个空三处理过程都在 DatMatrix 软件中进行。其具体作业流程如图 4-31 所示。主要包括无人机数据获取；自动创建航带或手动创建航带；参数设置；工程自动内定向；连接点自动提取；交互编辑，在交互编辑过程中需刺入控制点参与平差解算；刺入预测控制点和编辑争议点；重复操作，直到结果满足精度要求；最后导出 XML 文件。具体的关键操作步骤如下：

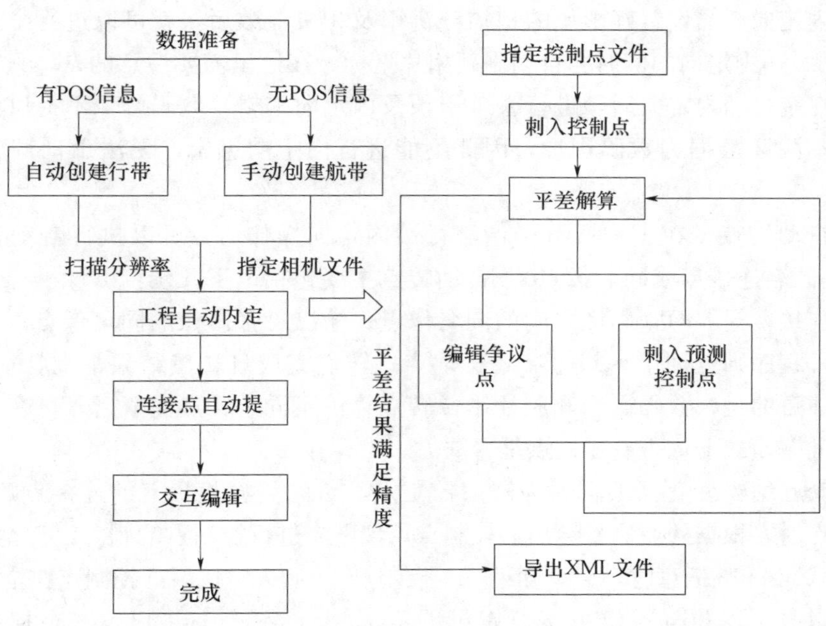

图 4-31　空三处理流程图

（1）新建工程。DatMatrix 软件为工程建立提供了两种方式：若提供了 POS 信息，可根据 POS 信息自动创建工程；如果没有 POS 信息，需要手动创建工程。本实验数据中含有 POS 文件，所以选择自动创建工程。在新建工程中还需要设置 POS-ID 和影像名对应关系，并进行航带调整和根据航带移动影像操作。

（2）参数设置。在内定向之前，首先要为工程的所有影像指定正确的扫描分辨率（本书为 0.006530m），然后是相机参数设置、控制点文件设置（图 4-32）以及 POS 文件设置。

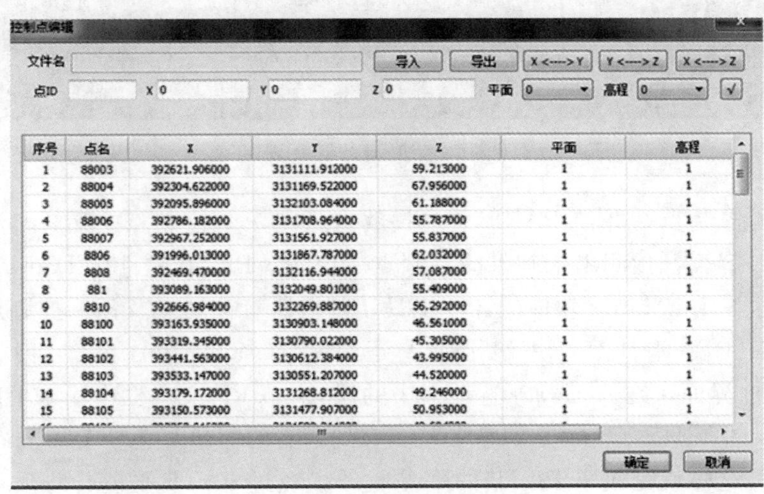
控制点编辑

文件名　导入　导出　X <---> Y　Y <---> Z　X <---> Z

点ID　X 0　Y 0　Z 0　平面 0　高程 0　√

序号	点名	X	Y	Z	平面	高程
1	88003	392621.906000	3131111.912000	59.213000	1	1
2	88004	392304.622000	3131169.522000	67.956000	1	1
3	88005	392095.896000	3132103.084000	61.188000	1	1
4	88006	392786.182000	3131708.964000	55.787000	1	1
5	88007	392967.252000	3131561.927000	55.837000	1	1
6	8806	391996.013000	3131867.787000	62.032000	1	1
7	8808	392469.470000	3132116.944000	57.087000	1	1
8	881	393089.163000	3132049.801000	55.409000	1	1
9	8810	392666.984000	3132269.887000	56.292000	1	1
10	88100	393163.935000	3130903.148000	46.561000	1	1
11	88101	393319.345000	3130790.022000	45.305000	1	1
12	88102	393441.563000	3130612.384000	43.995000	1	1
13	88103	393533.147000	3130551.207000	44.520000	1	1
14	88104	393179.172000	3131268.812000	49.246000	1	1
15	88105	393150.573000	3131477.907000	50.953000	1	1

确定　取消

图 4-32　控制点编辑

（3）内定向。当设置好影像的扫描分辨率及相机参数后，就可以进行全自动内定向（图 4-32），内定向的同时会自动刷新相片坐标。在这里需要注意的是，只有对胶片影像才能在全自动内定向后，进行人工干预及内定向编辑，数码影像不提供内定向编辑操作。本测区数据为数码影像，因此不能进行内定向编辑，无法手动调整内定向精度。

（4）自动转点。在工程所有影像进行了内定向操作后，可以执行自动转点操作（转点就是同名连接点或同名像点）。自动转点主要包括以下几步：影像采样；两两影像之间的连接；提取两张影像之间的同名像点；输出每张影像的同名像点；若提取的结果较差，程序则返回上一级金字塔提取点；转点完成且转点结果都在特征点位处。这里需要注意的是，数码影像和胶片影像转点算法不同。转点完成后，可在全局视图中的“平铺”模式下，查看连接点是否缺失。

（5）交互编辑。交互编辑即为添加控制点，目的是将相片上的连接点赋予坐标。添加控制点时，根据外业测量给出的控制点点位图来进行控制点的刺入，且至少刺入 3 个控制点（无 POS 信息时，至少知道三个控制点）。刺入完成后的控制点在全局视图的像片上可以显示点位（点位由黄色旗子图案标注），本次一共刺入 8 个控制点，如图 4-33所示。

图 4-33　控制点刺点图

（6）预测控制点，并使 PATB 平差收敛。刺完三个控制点之后，需使用 PATB 软件进行平差解算，预测出未刺入的控制点的位置。PATB 软件为 DatMatrix 软件的附加程序，也是 DatMatrix 软件的计算工具。刺入所有控制点及预测控制点之后，需再次进行 PATB 平差计算，并记录平差运算后的 sigma 值，再次回到 PATB-NT MENU 对话框界面，在 Accuracy 选项卡中的【set no. 0】文本框中输入上次平差记录的 sigma 值（图 4-34），然后 PATB 平差，直到解算的 sigma 值与【set no. 0】文本框中的值相同，这样就完成了 PATB 的平差收敛。经过 PATB 平差计算后，可以显示测区的全局视图（图 4-35），在全局视图中可以查看到各个影像和各个航带之间的相互连接情况。

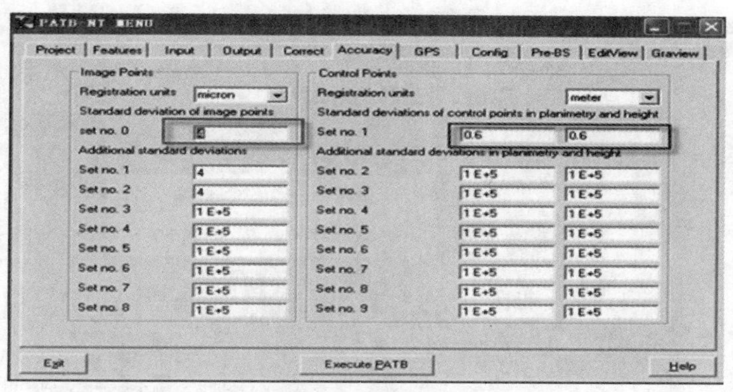

图 4-34　平差设置

图 4-35　全局视图

(7) 争议点处理。在刺入控制点之后的平差解算中，在争议点窗口中会出现一些误差较大的点（图 4-36），这些点被称为争议点。争议点包括系统生成的连接点和我们刺入的控制点，其误差值有大有小，可以按综合误差的大小排序。处理争议点的方式有两种：一种是删除误差较大争议点，在删除争议点的时候可以选择删除争议点（仅争议点），也可选择删除争议点（该 ID 所有点），一般情况下，建议选择删除仅争议点，但是如果争议点误差过大或点位错得离谱，可选择删除该 ID 的所有点位；另一种是调整点位，需要在画布视图中进行手动改正。两种方法可同时进行。

进行修改后还需要调用 PATB 程序进行平差，反复进行争议点调整和 PATB 平差，直到没有争议点，或争议点数量较少且点的残差值都很小，PATB 平差后的 sigma 值也较小时，进行最后一次 PATB 平差，完成空三加密操作。

(8) 导出 XML 文件。空三加密完成后可以在 DatMatrix 系统中导出 XML 文件，空三加密结果以 XML 格式导入 MapMatrix 软件中，然后生成 DEM、DOM、DLG 等数字产品。

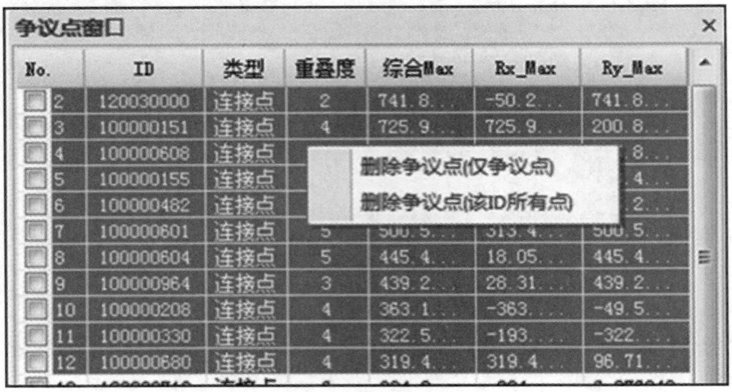

争议点窗口 ×

No.	ID	类型	重叠度	综合Max	Rx_Max	Ry_Max
2	120030000	连接点	2	741.8...	-50.2...	741.8...
3	100000151	连接点	4	725.9...	725.9...	200.8...
4	100000608	连接点				.8...
5	100000155	连接点				.4...
6	100000482	连接点				.2...
7	100000601	连接点	5	500.5...	313.4...	500.5...
8	100000604	连接点	5	445.4...	18.05...	445.4...
9	100000964	连接点	3	439.2...	28.31...	439.2...
10	100000208	连接点	4	363.1...	-363...	-49.5...
11	100000330	连接点	4	322.5...	-193...	-322...
12	100000680	连接点	4	319.4...	319.4...	96.71...

删除争议点(仅争议点)
删除争议点(该ID所有点)

图 4-36　争议点窗口

5. 空三加密精度结果查看

打开空三加密后的解算精度文件（. pri 文件）进行平差精度的查看。本次空三加密精度情况如图 4-37 和图 4-38 所示。图 4-37 中给出了控制点的平面和高程精度：HV 代表平高控制点（HO 代表平面控制点，VE 代表高程控制点），HV 后面的数字代表了该点的重叠度，例如，HV8→HV7 代表控制点“88007”由 8 度平高点降为 7 度平高点，原因是该控制点的坐标超限，且 8 个像点的量测值中有一个出现错误；rx、ry 表示控制点的平面坐标残差值，rz 表示控制点的高程坐标残差值；“sds”列表示控制点的组号，测区只有一组控制点，因此所有控制点组号为 1；check 列表示残差与中误差的比值，如果比值小于 1，用“.”表示，代表该控制点可以参加平差解算。

```
COORDINATES OF CONTROL POINTS AND RESIDUALS
-------------------------------------------
in units of terrain system

horizontal control points
                                           code of point
point-no.        x             y           input -> used          rx        ry    sds check

  882     392966.362   3131983.830         HV 7                 0.086     0.053   1   .  .
  883     392712.039   3131961.916         HV 7                 0.019     0.086   1   .  .
  884     392454.157   3131930.191         HV 7                 0.088    -0.133   1   .  .
  885     392203.915   3131899.681         HV 4                 0.192    -0.066   1   .  .
 8812     393117.025   3131796.180         HV 5                -0.005    -0.035   1   .  .
 8896     392216.423   3131499.677         HV 4                -0.299    -0.084   1   .  .
88007     392967.252   3131561.927         HV 8 -> HV 7        -0.051     0.142   1   .  .
88105     393150.573   3131477.907         HV 4                -0.031     0.037   1   .  .


vertical control points
                                           code of point
point-no.                       z          input -> used                    rz    sds check

  882                       54.439         HV 7                          -0.172   1      .
  883                       55.654         HV 7                          -0.055   1      .
  884                       57.659         HV 7                          -0.172   1      .
  885                       60.078         HV 4                           0.582   1      .
 8812                       53.424         HV 5                          -0.120   1      .
 8896                       63.702         HV 4                          -0.375   1      .
88007                       55.837         HV 8 -> HV 7                  -0.109   1      .
88105                       50.953         HV 4                           0.421   1      .
```

图 4-37　控制点残差

像点及控制点的中误差情况如图 4-38 所示。在图中第三列的 rms x、rms y、rms z 为控制点坐标和像点坐标的中误差值，相应的 chv vx、chv vy、chv vz 为中误差值的三倍限差。如果控制点及像点的 x、y 坐标的残差都大于 3 倍的中误差，其平面坐标就会被系统当成粗差不参与结算。同理，若 z 坐标的残差大于 3 倍中误差限差，高程坐标就会被当作粗差不参与平差。最下面的 SIGMA NAUGHT 是加密点的单位权中误差，如果其值很大（大于 3），那么加密结果中可能存在系统误差，本次空三较慢结果为 0.035，所以不存在系统误差。

```
ROOT MEAN SQUARE VALUES AND CHECK VALUES OF RESIDUALS OF PHOTOGRAMMETRIC OBSERVATIONS
--------------------------------------------------------------------------------------
                  image system      terrain system        image system

image points
------------
obs x = 22261  rms x =    2.78  rms x =     0.030  chv vx =     8.35
obs y = 22261  rms y =    2.34  rms y =     0.025  chv vy =     7.03

ROOT MEAN SQUARE VALUES AND CHECK VALUES OF RESIDUALS OF NON-PHOTOGRAMMETRIC OBSERVATIONS
------------------------------------------------------------------------------------------
                  image system      terrain system      terrain system

control points with sds-no.  1
------------------------------
obs x =     8  rms x =   12.65  rms x =     0.135  chv vx =     0.40
obs y =     8  rms y =    8.27  rms y =     0.088  chv vy =     0.26
obs z =     8  rms z =   28.63  rms z =     0.305  chv vz =     0.92

SIGMA NAUGHT      3.30       =    0.035
```

图 4-38　控制点及像点中误差

4.5.3　数据产品制作流程

得到空三处理后的 XML 文件后，可以直接导入 MapMatrix 软件中，自动建立工程和生成相关航带信息，不需要再进行内定向、相对定向和绝对定向等操作，在工程中进行全区匹配就可以直接生成 dem（图 4-39）。生成 DEM 后，调整几何参量和插值方法，经过处理可生成 DOM（图 4-40）。

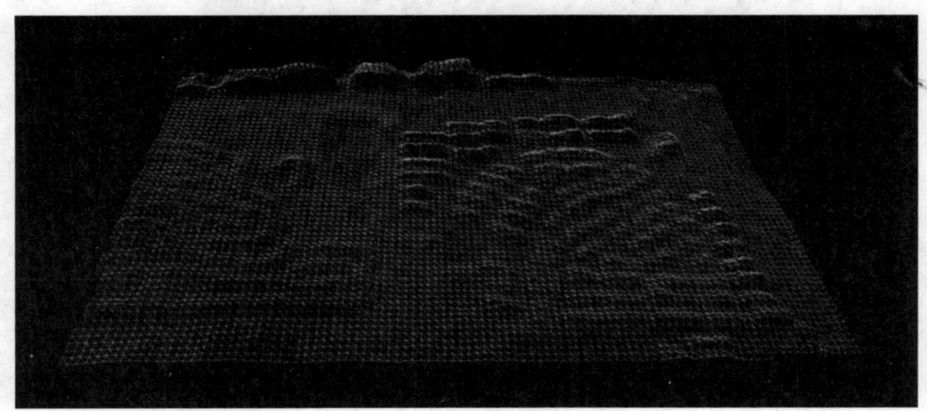

图 4-39　DEM 格网

图 4-40　正射影像（DOM）

由正射影像生成 DLG 有两种方法：一种是佩戴立体眼镜在 FeatureOne 特征采集系统中导入控制点之后进行 DLG 提取和编辑；另一种为将生成的正射影像导入到 ArcGIS 中进行编辑。两者最大的区别便是，在 Feature One 软件中生成的 DLG 图像中可以加入等高线。将生成的 DLG 导入 ArcGIS 地理信息平台，经过相应的处理和编辑后得到如图 4-41 所示的结果。

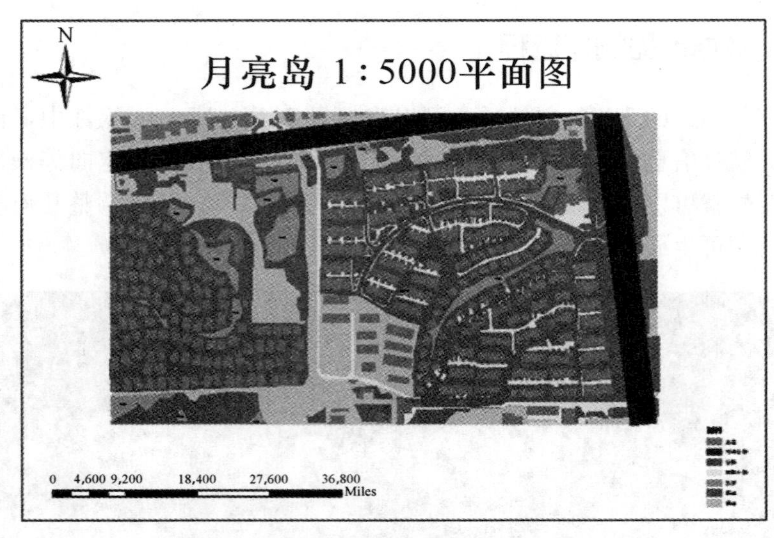

图 4-41　数字线划地图（DLG）

第 5 章　基于 Pix4Dmapper 的无人机数据处理关键技术

Pix4Dmapper 是目前国内应用较为广泛的一款无人机数据处理软件。该软件具有全自动、快速、精度高等特点，可以快速、精确地生成二维地图和三维模型，已经成为目前最具有活力的无人机数据和航空影像处理软件。本章借助 Pix4Dmapper 平台，对无人机数据生产的一体化流程进行介绍，分析无人机数据处理中的难点和重点，阐述无人机数据建模的关键技术，并在最后对生成的结果进行精度分析。

5.1　测区数据

一般无人机数据应包括：影像数据、POS 数据、相机文件以及控制点数据。本实验的无人机将 POS 信息直接写入相片中，在操作时 Pix4Dmapper 会自动把这些信息从照片中提取出来，而不需要任何的人工干预。相机文件可以使用 Pix4Dmapper 数据库中的相机文件，操作时软件自动匹配出相片对应的相机参数。因此本实验只包含影像数据（内含 POS 信息）和控制点数据，POS 信息和相机参数由软件自动读取。

1. 影像数据

本实验的影像数据为 JPG 格式的，Pix4Dmapper 可导入 JPG 或 TIF 格式的影像文件。实验数据包括 11 个航带共 127 张影像（图 5-1），都存储在 images 文件夹下。

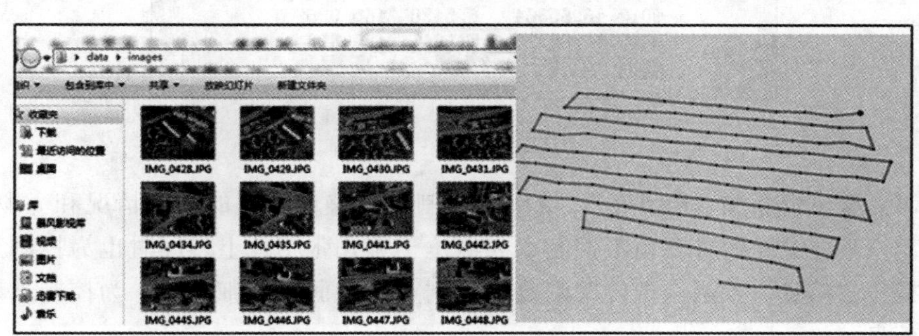

图 5-1　影像数据及航带信息

2. 控制点数据

控制点数据包括控制点文件、控制点分布图和每个控制点的点位图（图 5-2），存放在 inputs 文件夹里。控制点的精度对整个工程的精度影响很大，可以说一定程度上控制点精度决定了无人机数据处理精度。本实验提供的无人机影像超过 100 张，因此提供了 7 个控制点作为基础数据且控制点分布比较合理。

控制点文件中的控制点点号不能包含特殊字符，控制点文件可以是 TXT 或者 CSV 格式，本实验中控制点文件为“gcpPositionsLatLongAlt. csv”（图 5-3），控制点坐标是在 WGS84 坐标系下采集的。WGS84 坐标系是为 GPS 全球定位系统使用而建立的坐标系统，该坐标系下的控制点一般用（B，L，H）的方式记录，其中 B 为纬度，L 为经度，H 为大地高（高程）。

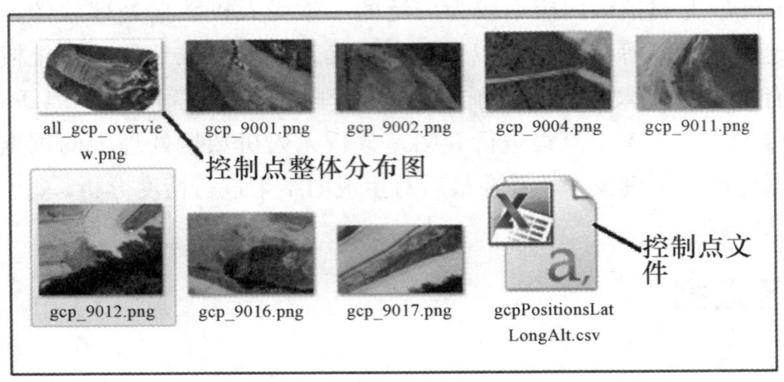

图 5-2　控制点数据

gcpPositionsLatLongAlt.csv

A1　fx　9001

	A	B	C	D	E
1	9001	46.65644	6.535895	573.325	
2	9002	46.65699	6.535114	568.726	
3	9004	46.65483	6.533147	565.699	
4	9011	46.65538	6.543701	473.329	
5	9016	46.65305	6.539699	455.266	
6	9017	46.65364	6.5426	465.026	
7	9012	46.65325	6.541841	460.896	
8	点号	经度	纬度	高程	

图 5-3　控制点文件

控制点整体分布图（图 5-4），给出了控制点在整个测区的分布情况和大概位置。通过控制点整体分布图可以判断控制点大概位于哪几张相片上，同时也为控制点刺点提供大概位置信息。控制点点位图则给出控制点在地面的详细位置，为控制点刺点提供准确信息。

注意：控制点必须在测区范围内合理分布，通常在测区四周以及中间都要有控制点。要完成模型的重建至少要有 3 个控制点，通常 100 张相片 6 个控制点左右，更多的控制点对精度也不会有明显的提升（但是在高程变化大的地方，更多的控制点可以提高高程精度）。控制点不要做在太靠近测区边缘的位置，控制点最好能够在 5 张影像上能同时找到（至少要两张）。

图 5-4　控制点整体分布图

5.2　数据主要处理流程

Pix4Dmapper 的数据处理流程如图 5-5 所示。新建测区，然后导入数据（无人机影像，POS 数据及）并设置影像属性；进行快速处理检查，如果快速处理失败了，那么后续的操作也可能出现相同结果；导入控制点文件，并在相片上进行控制点刺点；选择处置区域并进行处置选项设置，然后全自动处理；对全自动处理结果进行质量报告

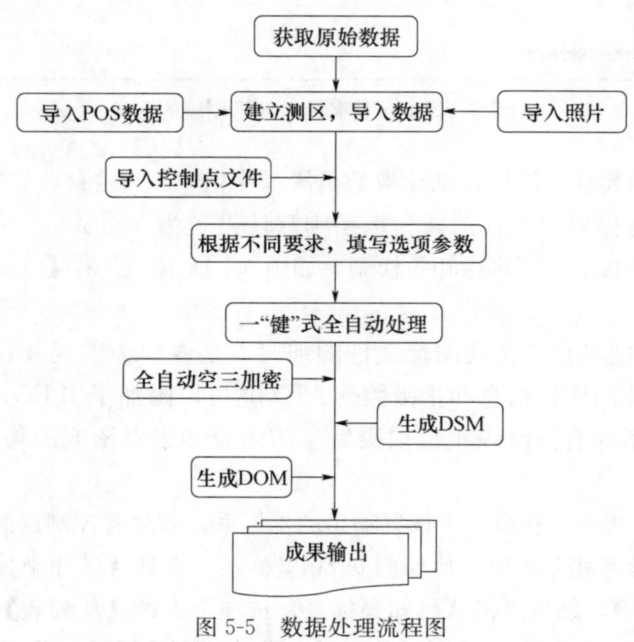

图 5-5　数据处理流程图

分析，查看区域网空三误差、自检相机误差和控制点误差；编辑点云数据和正射影像图，并输出结果；最后将 Pix4Dmapper 处理结果导入 MapMatrix 软件，为采集 DLG 产品做准备。

本书以研究区无人机数据为例，在 Pix4Dmapper 软件平台进行无人机数据处理，具体的操作步骤如下：

1. 建立工程及导入数据

（1）在桌面双击 Pix4Dmapper 快捷图标，打开 Pix4Dmapper 软件。点击 Pix4Dmapper 主界面【项目】菜单下的【新项目】命令，打开【新项目】对话框，在对话框中设置项目名称和项目创建的路径（图 5-6）。这里需要注意，项目名称及项目路径不能包含中文，然后点击【next】按钮，打开下一个对话框。

（2）在下一个对话窗口中导入无人机影像及 POS 数据。首先将 images 文件夹（影像数据）和 input 文件夹（控制点信息）拷贝到新创建的工程文件夹（E：/pix4d）中，影像路径可以不在工程文件夹中，但是影像路径不能包含中文；点击对话框中的【添加图像】或【添加路径】按钮，将 images 文件夹中的 127 张无人机影像导入对话框，点击【next】按钮，进入下一个对话框。

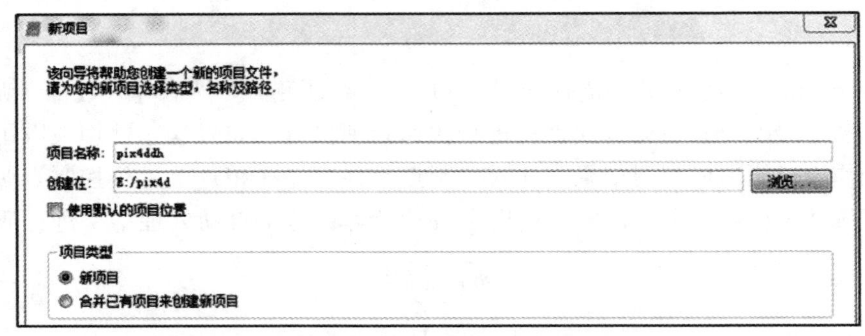

图 5-6　设置项目名称和项目创建的路径

（3）设置影像属性。软件自动读取数码影像中的 EXIF 信息，将影像中的 POS 信息和地理定位信息提取出来；图像坐标系则默认设置为 WGS84，不需要进行任何修改；通常软件也能自动识别影像相机模型，如图 5-7 所示。点击【next】按钮，进入下一个对话框。

注意：EXIF 信息是可交换图像文件的缩写，是专门为数码相机的照片设定的，可以记录数码照片的属性信息和拍摄数据。EXIF 可以附加于 JPEG、TIFF、RIFF 等文件之中，为其增加有关数码相机拍摄信息的内容和索引图或图像处理软件的版本信息。

（4）如图 5-8 所示，在窗口中设置输出的坐标系。如果有控制点的话，那么需要选择和控制点的坐标系相互一致。比如西安 80 坐标系，点选【已知坐标系】选项，勾选【高级坐标系】选项，然后点击【已知坐标系】选项下方的【从列表】按钮，弹出【坐标系】对话框（图 5-9），在对话框可以选择中国的三大坐标系，分别为北京 54、西安

80 以及中国 2000（China Geodetic Coordinate System 2000，简称 CGS2000）。如果需要使用本地坐标系并且有 PRJ 文件的话，那么就可以点击【从 PRJ】按钮，从而可以导入自己的 PRJ 文件坐标。本书中控制点同样是 WGS84 坐标系，因此不做任何修改，点击【next】按钮，进入下一个对话框。

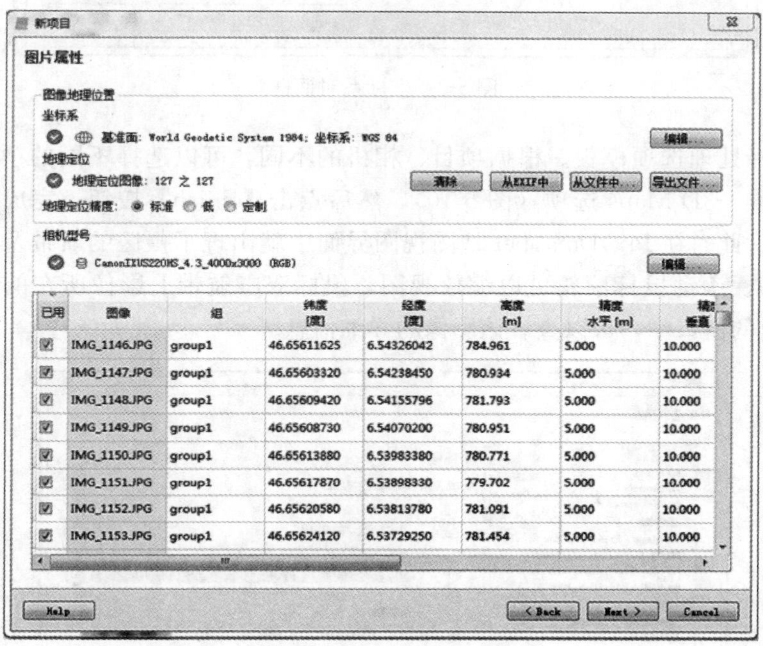

图 5-7　设置影像属性

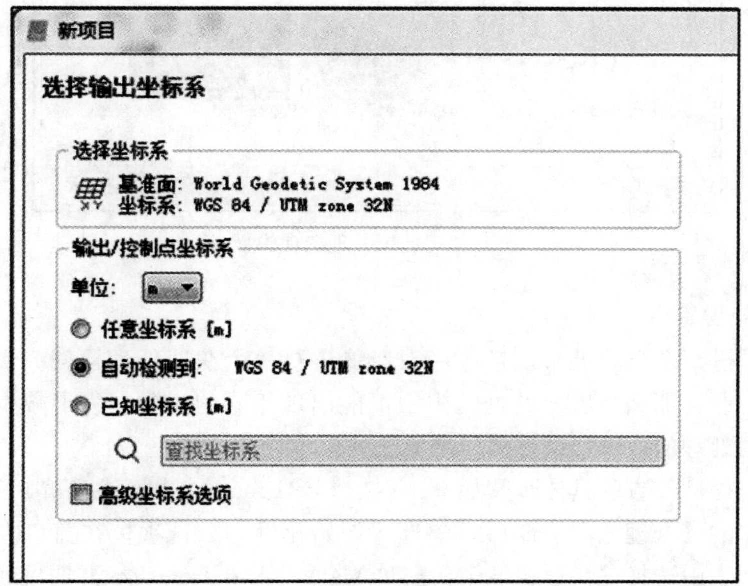

图 5-8　选择输出坐标系

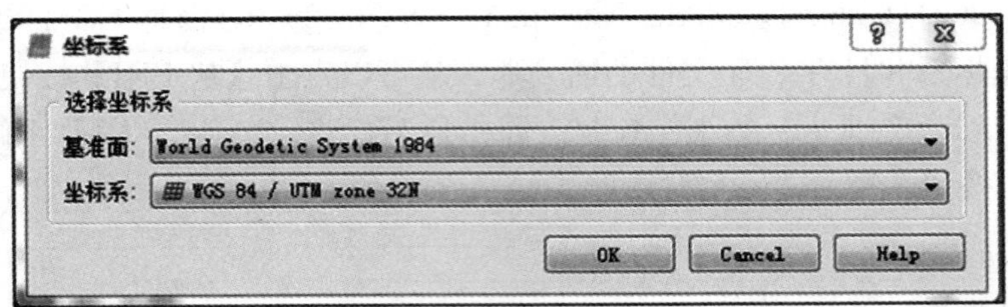

图 5-9　坐标系对话框

（5）选择处理选项模板。根据项目、相机的不同，可以选择不同的项目模板。在这里选择标准—3D Maps 选项（图 5-10），然后点击【finish】按钮，完成工程的设置和数据导入。此时在 Pix4Dmapper 地图视图界面中就出现了摄区的航带及影像分布视图（图 5-11）。滚动鼠标滚轮可以缩放视图，鼠标双击航带上影像所在的位置（小红点），在弹出的窗口中，可以查看该影像的详细信息。

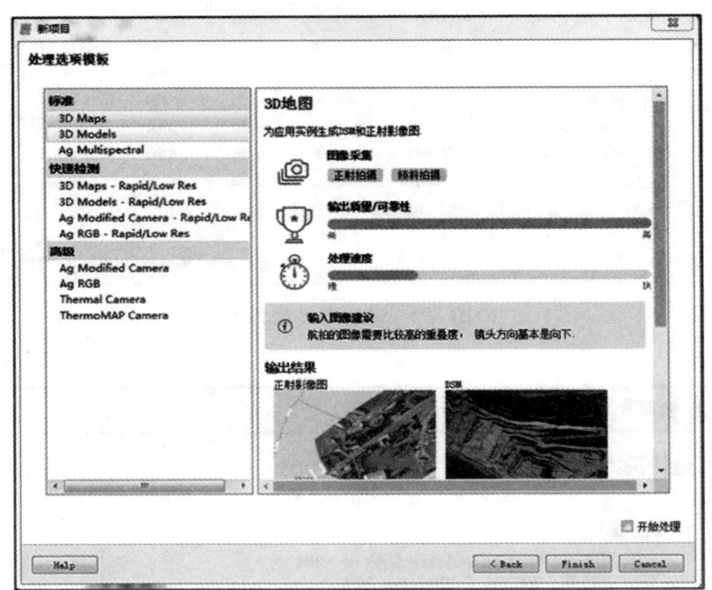

图 5-10　选择处理选项模板

2. 快速处理检查

在对影像进行全自动处理之前，应对影像进行一个快速处理检查。快速处理检查中如果出现问题，那么在后面的处理中很可能出现相同的问题，为了减少不必要的操作，提高数据处理的效率，最好做一个快速处理检查。

（1）快速处理检查的具体步骤如下：点击 Pix4Dmapper 界面左下角的【处理选项】命令，在弹出的【处理选项】窗口中勾选【初始化处理】选项；在窗口左下角【加载模板】下拉列表中选择【快速检测】/【3D Maps-Rapid/Low Res】选项，不勾选【高级】选项（图 5-12）；点击【OK】按钮，回到 Pix4Dmapper 界面，点击左下角的【本地处理】选项，在出现的本地处理窗口中点击【开始】按钮，软件即开始进行快速处理检查（图 5-13）。

图 5-11　摄区的航带及影像分布视图

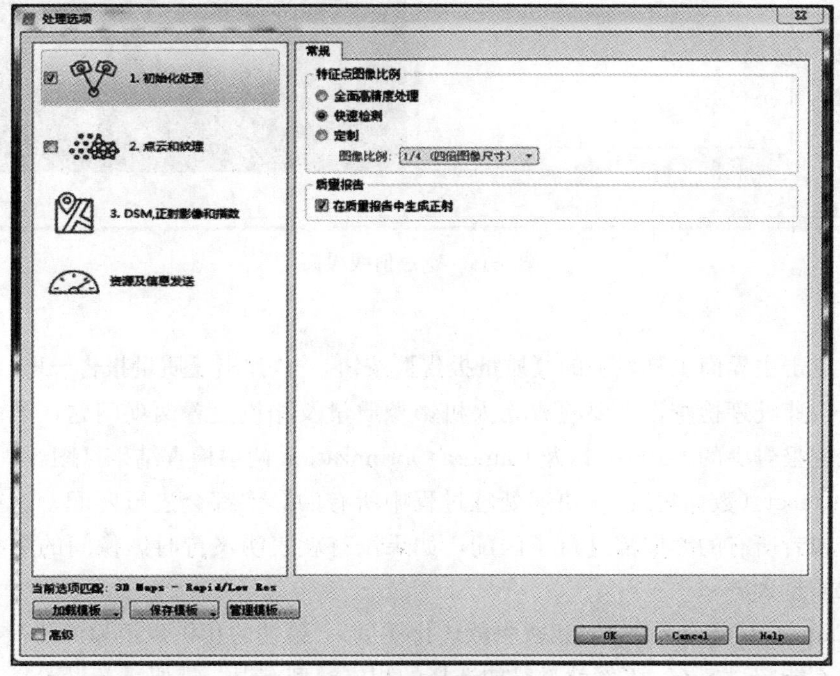

图 5-12　快速处理检查设置

图 5-13　快速处理

（2）完成快速处理检查后，软件自动进入空三射线界面（图 5-14），在【层】窗口中自动勾选了相机、射线、连接点（自动的）等几个选项。

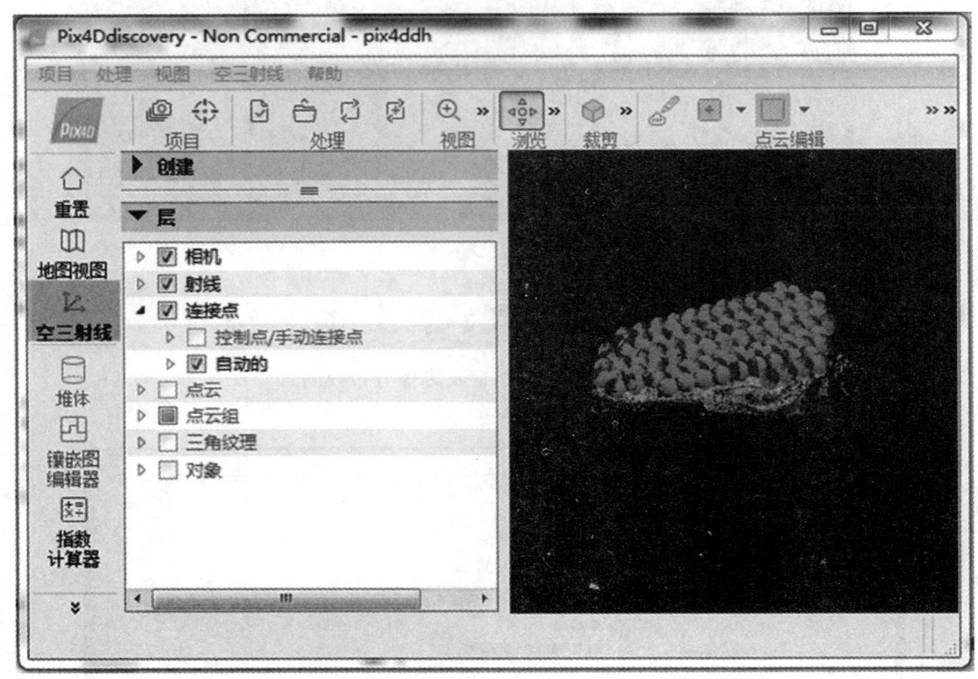

图 5-14　空三射线界面

（3）点击主界面工具栏上的【质量报告】按钮，弹出【质量报告－Pix4ddh】窗口。进行快速处理检查，主要检查无人机影像质量及相机设置两项问题，因此需要查看质量检查报告中的 Dataset 以及 Camera Optimization 两项检查结果（图 5-15）。

① Dataset（数据集）：在快速处理过程中所有的影像都会进行匹配，这里需要确定大部分或者所有的影像都进行了匹配，如果没有就表明飞行时影像间的重叠度不够或者影像质量太差。

② Camera Optimization（相机参数优化质量）：最初的相机焦距和计算得到的相机焦距相差不能超过 5%，不然就是最初选择的相机模型有误，需要重新设置。

如图 5-15 所示，经过快速处理检查，发现本实验的 127 张像片都符合标准，同时相机模型的选择也是正确的，最初的相机焦距和计算得到的相机焦距相差仅为 0.43%。

Quality Check

Images	median of 3944 keypoints per image	✔
Dataset	127 out of 127 images calibrated (100%), all images enabled	✔
Camera Optimization	0.43% relative difference between initial and optimized internal camera parameters	✔
Matching	median of 1821.4 matches per calibrated image	✔
Georeferencing	yes, no 3D GCP	⚠

图 5-15　快速处理检查质量报告

3. 控制点编辑

控制点编辑主要包括导入控制点文件和控制点刺点，由于控制点坐标精度和控制点刺点精度将直接影响最终的成果精度，因此控制点编辑是正射出图最重要的步骤。完成控制点编辑后，就可以由软件自动完成初步处理、生成点云和纹理、生成 DSM 和正射影像等操作。

（1）导入控制点文件

点击主菜单【项目】/【GCP/MTP 管理】命令，打开【GCP/MTP 管理】对话窗。在对话窗中点击【导入控制点】按钮，导入本实验的控制点文件“inputs/gcpPositionsLatLongAlt.csv”（图 5-16）。控制点坐标系与 POS 文件坐标系要一致，因此需要将控制点坐标系修改为“WGS84”。在出现的【GCP/MTP 管理】对话框中，点击最上面【控制点坐标系】选组中【编辑】按钮，将控制点坐标系修改为与 POS 数据坐标系一致的“WGS84”，否则在后面的初步处理中会出现报错提示。

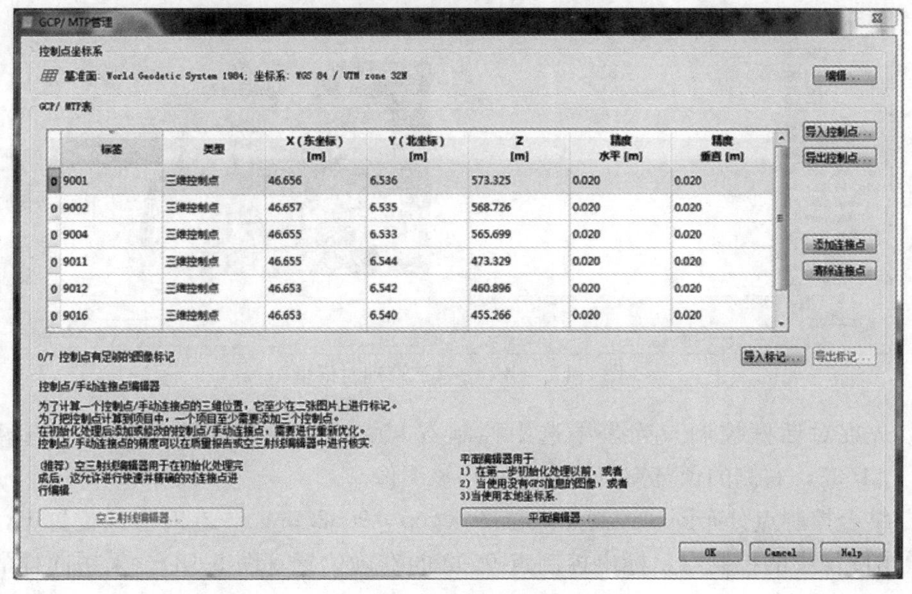

	标签	类型	X（东坐标）[m]	Y（北坐标）[m]	Z [m]	精度 水平 [m]	精度 垂直 [m]
0	9001	三维控制点	46.656	6.536	573.325	0.020	0.020
0	9002	三维控制点	46.657	6.535	568.726	0.020	0.020
0	9004	三维控制点	46.655	6.533	565.699	0.020	0.020
0	9011	三维控制点	46.655	6.544	473.329	0.020	0.020
0	9012	三维控制点	46.653	6.542	460.896	0.020	0.020
0	9016	三维控制点	46.653	6.540	455.266	0.020	0.020

图 5-16　导入控制点文件

（2）在平面编辑器中刺控制点

刺控制点时，控制点位置一般比较难找，可以先手动刺出 3 个控制点，然后开始初始化处理，等初始化处理完成后，在空三射线界面根据空三计算预测出的位置，再刺出其他的控制点，这样就很容易找到控制点的位置了。

一般来说，在手动刺点之前要根据控制点分布图（all _ gcp _ overview. png）确定控制点的大概位置，然后在 Pix4Dmapper 的地图视图界面，推断出相片编号，在一张相片上确定控制点位置后，就可以在这张相片的前后左右查看并进行刺点。一个控制点最少要在两张图像上标出来，通常建议标注在 3～8 张图像上，本实验中先选取 9002、9016 和 9011 三个控制点进行刺点。下面就以 9002 号控制点的刺点过程为例，讲解控制点的刺点过程。

① 结合控制点分布图和 Pix4Dmapper 地图视图界面的像片及航带分布图，发现点号为 9002 的控制点分布在 1156、1155、1154 三张相片中。

② 点击【GCP/MTP 管理】对话框中的【平面编辑器】按钮，打开【平面控制点/手动连接点编辑器】对话框，在对话框中可以手动刺控制点（图 5-17）。

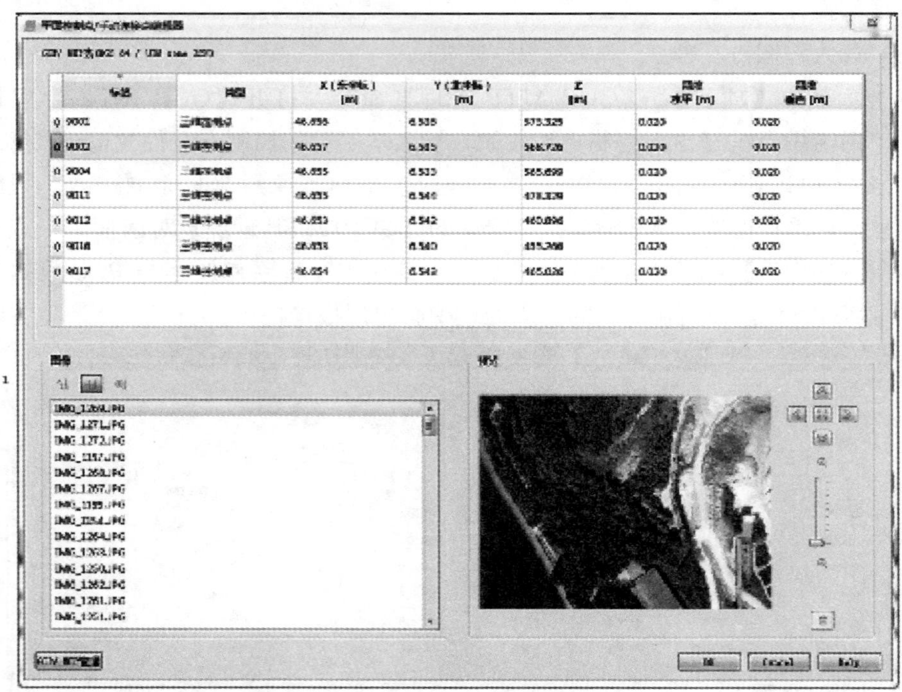

图 5-17　GCP/MTP 管理对话框

③ 先在对话框控制点列表中选中控制点 9002，在左侧的图像列表中选择图像“IMG _ 1156”，右侧的预览窗口就会显示出该图像。

④ 结合控制点分布图和控制点点位图（gcp _ 9002. png），在对应的位置上，鼠标左键单击图像中的控制点，标出控制点 9002 的准确位置（图 5-18）。采用同样的方法在图像“IMG _ 1155”和“IMG _ 1154”中准确地标注出控制点 9002。完成控制点

9002刺点后，在对话框控制点列表中控制点9002前被标注为3，表示在三张相片上进行了刺点（图5-19）。

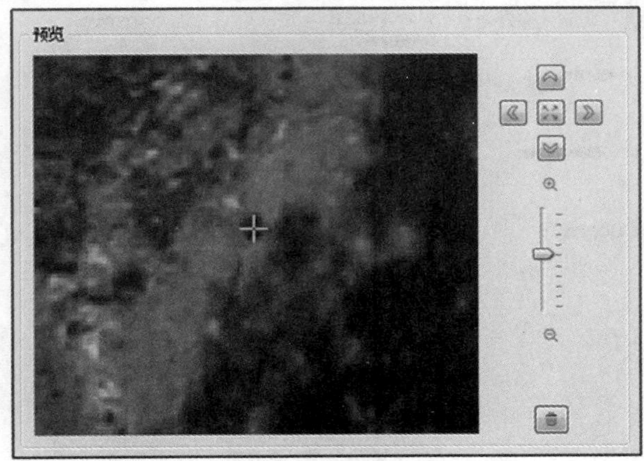

图5-18　标注出控制点9002

GCP/ MTP表(WGS 84 / UTM zone 32N)

在三张像片上进行了刺点

标签	类型	X（东坐标）[m]	Y（北坐标）[m]	Z [m]	精度 水平 [m]	精度 垂直 [m]
0 9001	三维控制点	46.656	6.536	573.325	0.020	0.020
9002	三维控制点	46.657	6.535	568.726	0.020	0.020
0 9004	三维控制点	46.655	6.533	565.699	0.020	0.020
0 9011	三维控制点	46.655	6.544	473.329	0.020	0.020
0 9012	三维控制点	46.653	6.542	460.896	0.020	0.020
0 9016	三维控制点	46.653	6.540	455.266	0.020	0.020
0 9017	三维控制点	46.654	6.543	465.026	0.020	0.020

图5-19　控制点9002刺点完成后

注意：在预览窗口处理可以滚动鼠标滚轮实现图像的放大缩小之外，还可以按Shift键来缩小和按Alt键来放大图像；点击方向按钮来实现图像的移动；按Delete键来删除图像上已经添加的控制点。

⑥ 按照刺控制点9002的方法，分别在多张相片中刺出控制点9016和9011。

⑦ 完成控制点9002、9016和9011刺点后，点击【平面控制点/手动连接点编辑器】对话框中的【OK】按钮，完成手动刺点。

（3）初步处理

在Pix4Dmapper主界面中点击左下角的【处理选项】命令，打开【处理选项】对话框。在对话框中勾选【初始化处理】选项；在【加载模块】下拉列表中选择【标准】/【3D maps】选项；在【初始化处理】选项的【常规】选项卡中选择【全面高精度处理】选项，如图5-20所示。点击【OK】按钮，返回Pix4Dmapper界面。点击左下角【本地处理】选项，在【本地处理】窗口中点击【开始】按钮，进行初步处理。

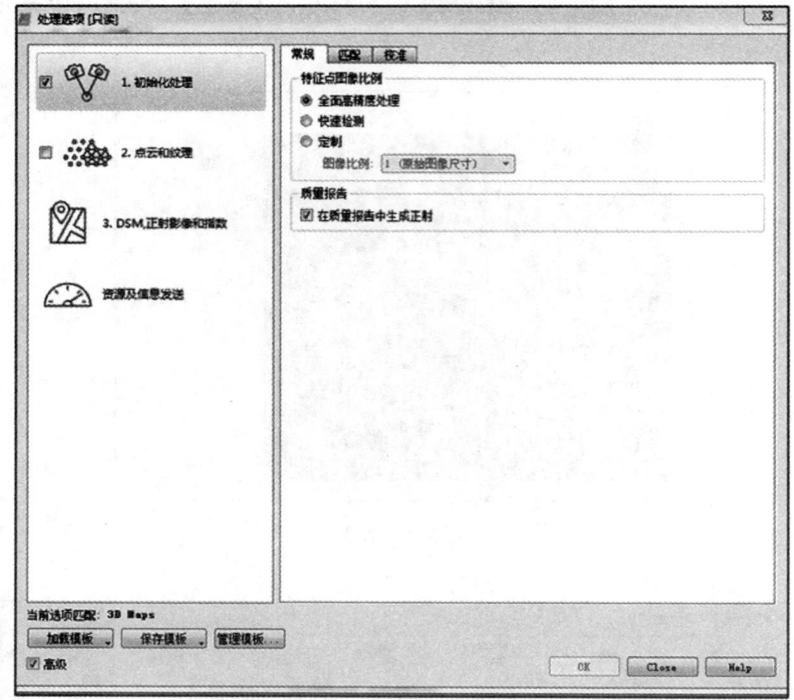

图 5-20　初步处理设置

（4）在空三射线编辑器中刺出控制点

① 初步处理完成后，就可以在空三射线编辑器中刺点了。在 Pix4Dmapper 界面点击工具栏上的【GCP/MTP 管理】按钮，打开【GCP/MTP 管理】对话框，在对话框中点击【空三射线编辑器】进入空三射线界面。

② 点击菜单【视图】下【显示侧边栏】命令，在 Pix4Dmapper 界面右侧出现【属性】窗口，在层窗口中取消勾选【相机】和【射线】，在【连接点】选项中，只勾选【控制点/手动连接点】选项，在三维视图中只出现 7 个控制点（图 5-21）。

③ 在三维视图中点击靠近控制点附近位置的点，就可在右侧的属性窗口中显示控制点属性及准确位置。同样在【层】窗口中选择某个控制点选项，在右侧的窗口中出现该控制点的属性，这个控制点所在的所有图像就会很清晰显示出来。在【层】窗口中点击控制点 9001 选项 9001 (0)，在右侧属性窗口的【选区】子窗口中显示 9001 控制点的详细信息（类型、坐标、精度等），在【图像】子窗口中显示 9001 控制点所在的所有影像（图 5-22）。

④ 在右侧【图像】窗口中，将控制点 9001 刺在所有相片中。点击【选区】窗口上的按钮，将选区窗口隐藏起来，【图像】窗口最大化，在每张相片上用鼠标左键点击图像，标出控制点的准确位置（至少标出两张）。这时控制点的标记会变成一个黄色的框，框中间有黄色的叉，表示这个控制点已经被标记（如图 5-23 所示，标了两张相片后，这个标记中间多了一个绿色的叉，则表示这个控制点已经重新参与计算并重新

得到的位置)。

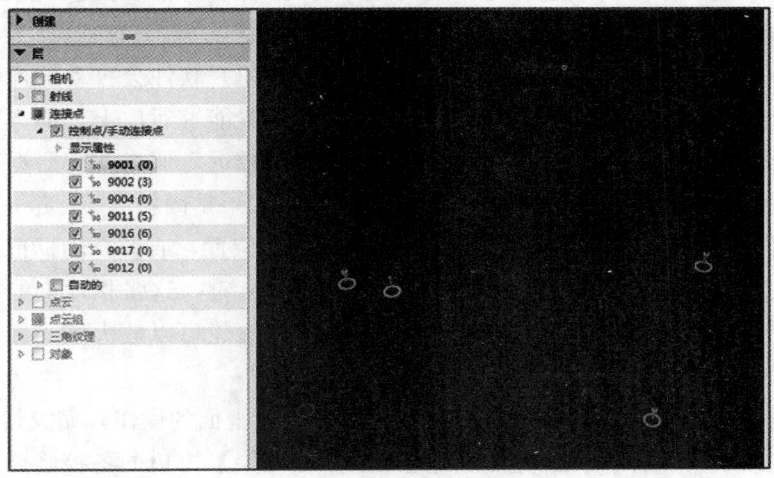

图 5-21　三维视图中的 7 个控制点

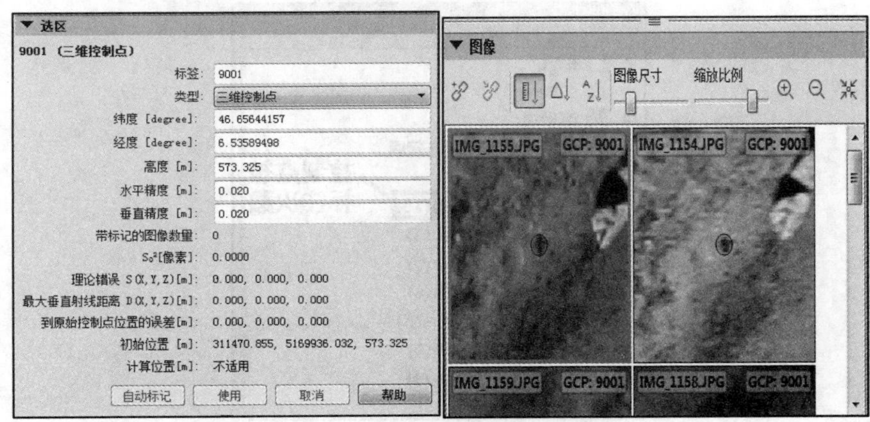

图 5-22　控制点属性及准确位置

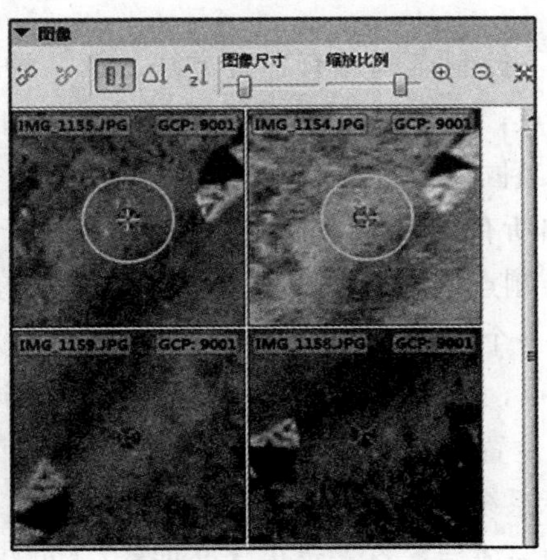

图 5-23　控制点已经被标记

⑤ 检查其他影像上的绿色标志，进行逐个标记，然后点击【选项】窗口的▶按钮，在展开的【选项】窗口点击【使用】按钮完成控制点 9001 的刺点。当在【图像】窗口点击 2 张相片以后，就可以点击【自动标记】按钮，软件会自动地标记上所有对应的相片，但是需要进行检查，如果标记与控制点位置能够对应上，那么这个控制点不需要再标注，如果所标记位置与控制点位置相差比较远，那么就需要重新点击左键来纠正，否则会影响到项目的精度。自动标记的功能如果是倾斜摄影，最好不要使用。

⑥ 在【图像】窗口，如果控制点在影像中点错了位置，或者自动标记了不对应的影像，只要把鼠标移动到相对应的影像上，点击 Delete 键，这张相片上的标注点就会被删除。同样鼠标移动到相对应的影像上，滚动鼠标滚轮可以放大缩小影像，方便控制点准确标注。

⑦ 刺完控制点 9001 后，对其他的控制点分别进行上面的操作，完成其他几个控制点的刺点。如图 5-24 所示，控制点刺点完成后，在【层】窗口的各控制点选项中显示了每个控制点被标注次数（在多少张影像上进行了标注）。

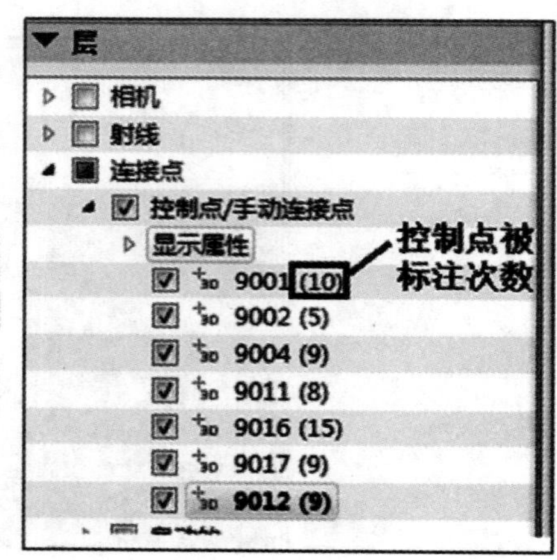

图 5-24 控制点被标注次数

注意：在不同的情况下控制点刺点有三种方法。第一种方法是在平面编辑器中逐个在相片上手动刺出控制点，刺出后可以由软件自动完成初步处理、生成点云、生成 DSM 以及正射影像。第二种方法是先进行初步处理后，在空三射线编辑器显示控制点，通过 POS 数据预测出所有控制点位置，这种情况适用于软件坐标系统库中可以找到 POS 数据坐标系统与控制点（GCP）坐标系统，这两个坐标系统不一定要相同，软件会自动将它们转化成同一个坐标系统。第三种方法是先进行初步处理后，在空三射线编辑器中设置 3 个控制点，确定坐标系统，然后系统自动计算出其他控制点的位置，这种方法适用于没有影像位置数据（POS 数据），但是有地面控制点数据，GCP 数据坐标系统与 POS 数据坐标系统关系未知（互相之间不知道怎么转化）的情况。

⑧ 当所有控制点添加完成后，点击菜单【处理】/【重新优化】命令。软件会把新加入的控制点参与重新计算。最后点击菜单【处理】下的【质量报告】命令生成质量

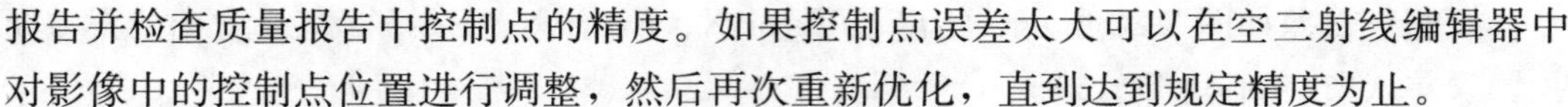

报告并检查质量报告中控制点的精度。如果控制点误差太大可以在空三射线编辑器中对影像中的控制点位置进行调整，然后再次重新优化，直到达到规定精度为止。

4. 全自动处理

当项目创建完成，控制点信息已经全部加入，坐标系已经确定，整个项目就可以进行快速的全自动处理。点击左下侧【本地处理】选项，在弹出的【本地处理】窗口中勾选【点云和纹理】和【DSM，正射影像和指数】选项（图 5-25），点击【开始】按钮。在前面添加控制点过程中，初始化处理已经运行了，这里就不需要再次运行了。

图 5-25　全自动处理设置

5.3　质量报告及成果输出

5.3.1　质量分析报告

在完成全自动处理后，自动生成质量报告。质量报告给出了数据处理中各种误差的情况，主要关注区域网空三误差、自检校相机误差、控制点误差。

区域网空三误差如图 5-26 所示，“Mean Reprojection Error”就是空三中误差，以像素为单位。相机传感器上的像素大小通常为 6 微米（μm），不同相机可能不一样。在这里换算成物理长度单位就是 0.168×6μm。

Bundle Block Adjustment Details

Number of 2D Keypoint Observations for Bundle Block Adjustment	1610732
Number of 3D Points for Bundle Block Adjustment	479157
Mean Reprojection Error [pixels]	0.168

图 5-26　区域网空三误差

相机自检校误差如图 5-27 所示，“Initial Values”表示最初的相机参数，而“Opitimized Values”表示优化计算得到的相机参数，同一列上、下两个参数不能相差太大，且 R1、R2、R3 三个参数不能大于 1。比如最初的相机焦距（4.400mm）和优化计算后得到的焦距（4.379mm）不能相差太大（最好是不超过 5%），不然就是选择的相机模型有误，需要重新设置。

控制点误差如图 5-28 所示，给出了 Error X、Error Y、Error Z 三个方向的误差及投影误差（Projection Error）。

Internal Camera Parameters

CanonIXUS220HS_4.3_4000x3000 (RGB). Sensor Dimensions: 6.198 [mm] x 4.648 [mm]

EXIF ID: CanonIXUS220HS_4.3_4000x3000

	Focal Length	Principal Point x	Principal Point y	R1	R2	R3	T1	T2
Initial Values	2839.640 [pixel] 4.400 [mm]	2019.760 [pixel] 3.129 [mm]	1547.000 [pixel] 2.397 [mm]	-0.043	0.026	-0.006	0.001	0.002
Optimized Values	2826.553 [pixel] 4.379 [mm]	2001.544 [pixel] 3.101 [mm]	1504.368 [pixel] 2.331 [mm]	-0.039	0.022	-0.007	0.000	0.000
Uncertainties (Sigma)	0.179 [pixel] 0.000 [mm]	0.048 [pixel] 0.000 [mm]	0.050 [pixel] 0.000 [mm]	0.000	0.000	0.000	0.000	0.000

图 5-27　相机自检校误差

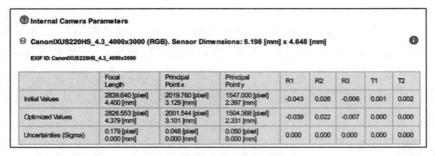

Ground Control Points

GCP Name	Accuracy XY/Z [m]	Error X [m]	Error Y [m]	Error Z [m]	Projection Error [pixel]	Verified/Marked
9001 (3D)	0.020/ 0.020	0.005	-0.027	0.002	0.782	10 / 10
9002 (3D)	0.020/ 0.020	0.001	-0.009	0.021	0.580	5 / 5
9004 (3D)	0.020/ 0.020	-0.010	0.010	0.004	0.531	9 / 9
9011 (3D)	0.020/ 0.020	0.004	-0.013	-0.068	0.998	8 / 8
9016 (3D)	0.020/ 0.020	-0.014	0.004	-0.007	0.627	15 / 15
9017 (3D)	0.020/ 0.020	0.005	0.015	-0.008	0.787	9 / 9
9012 (3D)	0.020/ 0.020	0.022	0.011	0.138	0.941	9 / 9
Mean [m]		0.001808	-0.001380	0.011834		
Sigma [m]		0.010982	0.014319	0.057597		
RMS Error [m]		0.011130	0.014386	0.058800		

图 5-28　控制点误差

除此之外，还需要查看一下匹配同名点统计表（图 5-29），表中给出每张影像上搜索出的特征点（keypoints）和用于匹配的特征点的统计数量（包括最多、最少、中间数以及平均数）。在 3D Points from 2D Keypoint Matches 表中给出了影像匹配点的情况。

2D Keypoints Table

	Number of 2D Keypoints per Image	Number of Matched 2D Keypoints per Image
Median	35853	13863
Min	22117	1421
Max	56563	20522
Mean	37514	12683

3D Points from 2D Keypoint Matches

	Number of 3D Points Observed
In 2 Images	292904
In 3 Images	78772
In 4 Images	34411
In 5 Images	19501
In 6 Images	12617
In 7 Images	8608
In 8 Images	6575
In 9 Images	4953
In 10 Images	3616
In 11 Images	2853
In 12 Images	2356

图 5-29　匹配同名点统计表

5.3.2　成果输出

1. 编辑点云数据，输出成果

通过编辑点云数据可以实现以下功能：曲线对象创建功能，可直接获取高程点、量取地物距离长度；平面对象创建功能，可实现地物面积量取；堆体对象创建功能，可直接在点云上量取表面积以及体积等物理信息。

（1）量取地物距离长度

在空三射线界面，点击【创建】窗口中的【新折线】按钮，然后点击左键开始选点画线，右键结束选点画线。如图5-30所示，画出一条折线“polyine1”，在【选区】窗口给出折线长度，在【图像】窗口显示折线在影像上的位置，并在【层】窗口中创建“polyine1”对象。

图5-30　量取地物距离长度

（2）地物面积量取

同样点击【创建】窗口中的【新平面】按钮，然后点击左键开始选点画面，右键结束选点画面。如图5-31所示，创建一个平面对象“Surface1”，在【选区】窗口计算出平面对象的面积，在【图像】窗口显示平面对象在影像上的位置。

（3）体积计算

点击Pix4Dmapper界面左侧的【堆体】选项，在堆体界面的【对象】窗口点击【新堆体】按钮，点击左键来标记新堆体基底顶点，点击右键添加最后一个顶点来结束创建堆体基底。创建完新堆体后在【对象】窗口点击【计算】按钮，如图5-32所示，系统自动计算出堆体的面积。

2. 生成DOM及DSM

点击Pix4Dmapper界面左侧的【镶嵌图编辑器】选项，进入【镶嵌图编辑器】界面。点击工具条上的【编辑镶嵌图】下拉按钮，选择【镶嵌图［group1］】选项，在【图层】窗口点选【正射投影】选项，点击【导出】按钮，进行正射影像图的导出。软件完成正射影像图的导出后，出现对话框提示正射影像图的保存位置。

图 5-31　地物面积量取

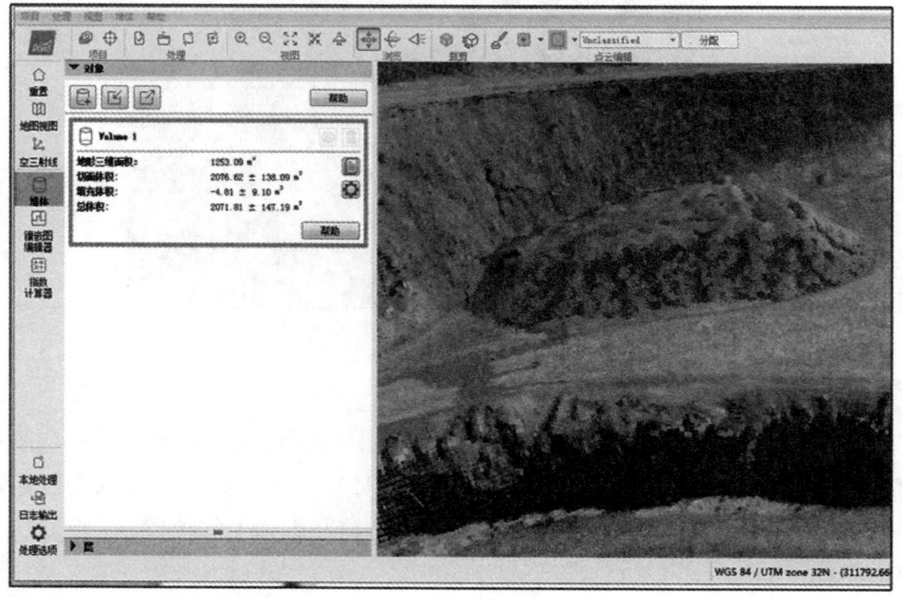

图 5-32　体积计算

同样点击工具条上的【编辑镶嵌图】下拉按钮，选择【镶嵌图［group1］】选项选项，在【图层】窗口点选【DSM】选项，点击【导出】按钮，进行 DSM 的导出。导出完成后，软件同样给出 DSM 保存位置的提示对话框。最后生成的正射影像图和 DSM 如图 5-33 所示。

(a) BOM　　　　(b) DSM

图 5-33　生成的正射影像图和 DSM

3. 生成 DLG

可以将 Pix4Dmapper 空三结果导入 MapMatrix 中，需要准备的数据是：images 文件、像控点文件、POS 文件（外方位元素）、相机检校文件（内方位元素）。图 5-34 给出了 Pix4Dmapper 空三处理后文件路径、空三处理后的 POS 文件及空三处理后的相机文件，这些在导入 MapMatrix 软件时都会被用到。打开 MapMatrix 软件进行新建工程、新建航带（航带根据 POS 文件的 kappa 角确定）、添加影像、修改影像扫描分辨率、新建相机文件、编辑外方位元素并导入外方外元素、创建立体像对等操作。最后新建 DLG，进入 Feature One 软件进行立体测图。

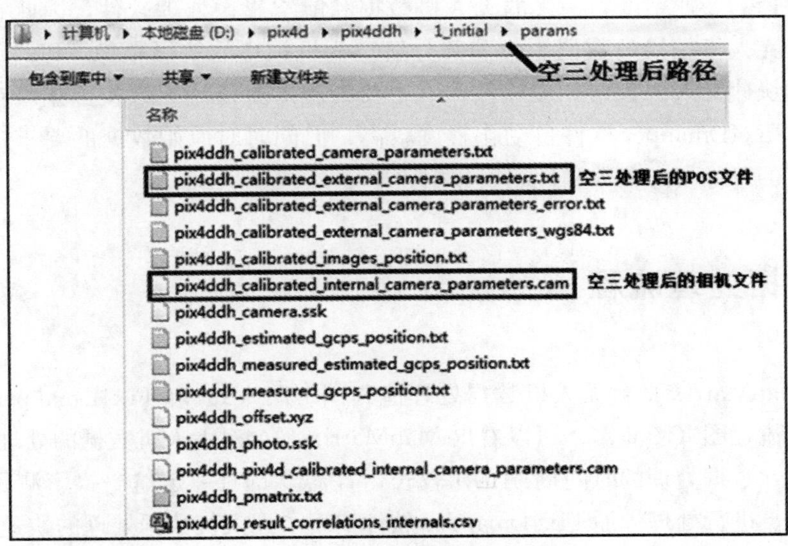

图 5-34　空三处理完成后的文件

第 6 章　无人机数据处理软件与数字摄影测量软件数据处理技术对比分析

本书前面章节利用数字摄影测量软件 MapMatrix 平台和无人机数据处理软件 Pix4D mapper 分别对无人机影像进行了数据处理，本章从数据类型、数据处理流程、数据精度及成果等方面找出这两类软件的区别与相同点，从而分析各自的优缺点，为无人机数据生产实践提供参考。

6.1　数据类型

MapMatrix 平台作为专业的数字摄影测量软件支持多种数据源，如：普通航摄像片、DMC、UCD 面阵和 ADS 三线阵数码相机拍摄的影像，Quick Bird Spot5、P5 和 Orbview 等遥感影像、无人机小数码影像及 LAS 激光雷达数据等。Pix4Dmapper 是集全自动、快速、专业精度为一体的无人机数据和航空影像处理软件，因此它的数据源主要是各种无人机拍摄的数码影像和部分航空相机拍摄的航摄影像。Pix4Dmapper 被称为全自动快速无人机数据处理软件，其主要处理对象还是无人机数据。在这里需要注意的是，Pix4Dmapper 软件自动化程度较高，但同时对原始数据的要求也较高，需要有高精度的影像姿态参数和控制点数据。

6.2　数据处理流程

通过 MapMatrix 平台无人机数据处理流程图（图 6-1）和 Pix4Dmapper 软件无人机数据处理流程图（图 6-2），可以看出 MapMatrix 平台对无人机数据的处理过程复杂，涉及多模块，数据处理的时间周期也比较长，且需要具有一定航空摄影测量和遥感知识的专业人员进行处理。而 Pix4Dmapper 软件实现了无人机数据处理的快速、自动化、专业化的高精度处理，无需专业知识、无需太多的人工干预，即可将无人机影像快速制成专业的、精确的二维地图和三维模型。下面就从导入 POS 数据、空三加密等方面对两个软件的无人机数据处理流程进行比较。

1. 处理软件

如图 6-1 所示，利用 MapMatrix 系列软件处理无人机数据时，空三加密是在 DatMatrix 软件中进行，并且要调用 PATB 空三光束法平差软件来进行平差解算，而全区匹配及 DEM 生成是在 MapMatrix 软件中进行，采集 DLG 需要调用 Feature One 特征采集专家模块，DOM 制作及编辑一般都在 EPT 易拼图软件中进行。虽然无人机数据处理都是在 MapMatrix 系列软件中进行，但是不同的软件其操作界面不同，功能不同，增加了数据处理的难度，数据处理人员需要很长时间的学习，不利于软件的推广使用。

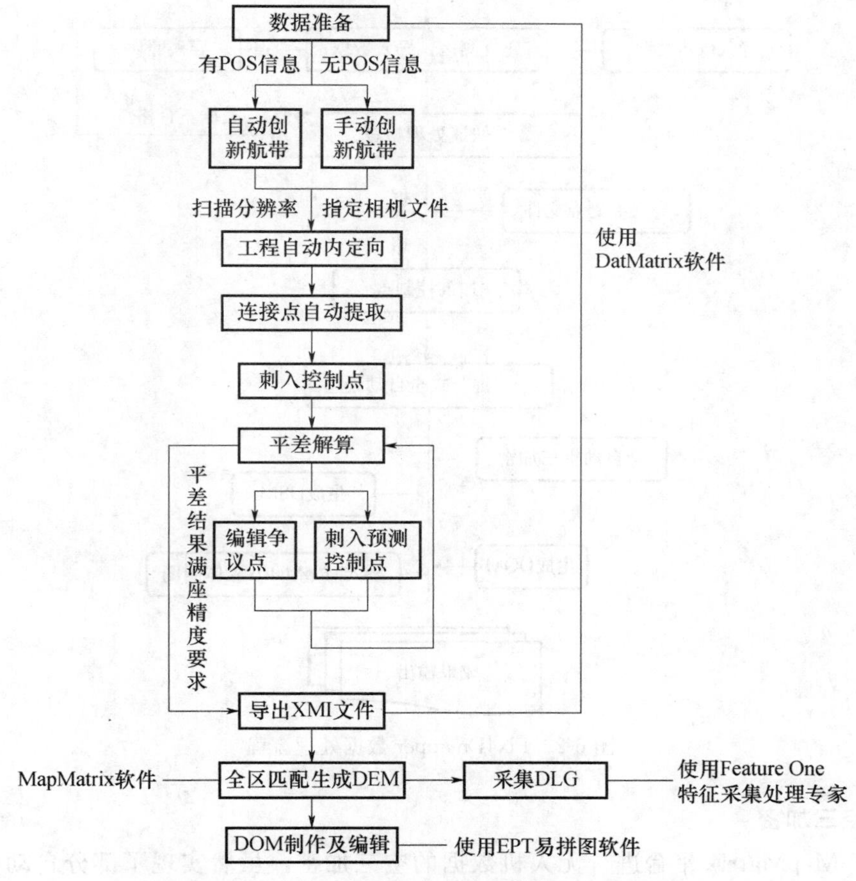

图 6-1　MapMatrix 平台无人机数据处理流程图

Pix4Dmapper 将空三计算、平差计算与正射校正和镶嵌等算法进行封装，提供统一的数据输入接口，因此 Pix4DMapper 软件中基本可以完成无人机数据处理，直接在软件中生成 DOM、DSM 及 DEM。但是 DLG 的采集，还是需要将数据导入 MapMatrix 软件中进行立体测图。在 Pix4Dmapper 软件中基本可完成所有的操作，降低了软件的学习难度，有利于软件的推广使用。

2. 导入 POS 数据

利用 MapMatrix 系列软件进行无人机数据处理时，需要手动导入 POS 数据。当然也可以不要无人机影像的 POS 数据，手动创建航带，但是在后面进行控制点预测时，需要刺入的控制点数量比有 POS 数据的要多。

Pix4Dmapper 自动从无人机原始影像数据 EXIF 中读取相机参数，如相机型号、焦距、像主点等，智能识别自定义相机参数；自动读取原始影像数据的 POS 信息。对于有些无法读出 POS 信息的影像数据，软件也提供了导入 POS 文件的方法（图 6-2）。

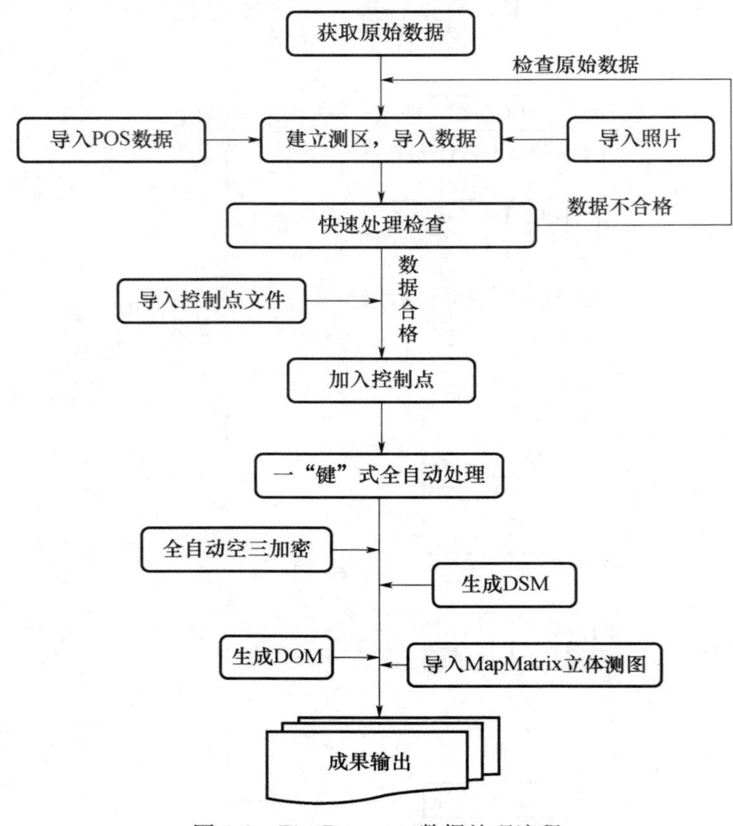

图 6-2　Pix4Dmapper 数据处理流程

3. 空三加密

对于 MapMatrix 平台进行无人机数据的空三加密，虽然实现了部分自动化处理，比如自动转点、平差解算等，但是刺入控制点、编辑争议点等过程，还需要人工干预，尤其是编辑争议点，无论是调整争议点点位，还是删除争议点都需要有一定经验的人员进行操作，以保证平差后有足够多均匀分布的连接点且能够满足精度要求。虽然在 DatMatrix 中进行空三人工干预比较多，尤其是争议点的编辑，但是在无人机影像成图质量不好或导入的控制点坐标错误时，能更灵活地进行调整并及时准确地发现错误，因此其适应性更强。

而 Pix4Dmapper 在人工刺入少量控制点后，就可以进行一键式全自动处理，实现了全自动空三加密，数据操作简单，没有实践经验的人员也能快速进行空三加密。但是由于其封装性很高，对无人机影像的质量要求也高，缺乏对数据的出错管理的能力。

6.3 精度分析及成果

1. 精度分析

数字摄影测量及无人机数据处理作业中，空中三角测量（简称空三加密）是关键工序之一，影响着航测产品质量与工作效率。空三加密是对整个测区进行定位和定姿，从而获得测区内影像的外方位元素及加密点的大地坐标。可以认为航空摄影测量产品误差来源主要为空三加密这一重要工序。影响空三加密精度的因素主要是：影像质量(分辨率、清晰度、重叠度)、影像控点刺点精度、加密点选取及加密解算方法、加密人员经验等。本节主要对航摄过程中的空三加密进行精度分析。空中三角测量的精度指标主要指定向误差和控制点残差。本书不考虑定向误差，主要讨论控制点残差和中误差。

表 6-1 列出了两个测区的基本情况，两个测区的航测比例尺不相同，因此对应的成图比例尺范围也不同，但是它们都可以制作 1∶5000 的中比例尺地形图，因此对控制点误差的限差参照《1∶5000 1∶10000 地形图航空摄影测量外业规范》(GB/T 139777—2012) 的相关要求。

表 6-1　测区概况

测区	影像数量(张)	影像尺寸(像素)	平均行高(m)	航摄比例尺	扫描分辨率(mm)	成图比例尺
MapMatrix 软件处理测区	72	3744×5616	430	1∶12000	0.00653	1∶2000 1∶5000 1∶10000
Pix4Dmapper 处理测区	127	4000×3000	780	1∶20000	0.00155	1∶5000 1∶10000 1∶25000

表 6-2 列出了 MapMatrix 软件及 Pix4Dmapper 软件空三加密后，控制点 x、y、z 坐标最大残差及控制点平均中误差，通过比较可以看出 Pix4DMapper 空三加密精度比较高，无论是最大残差和控制点平均中误差都比较小，得到的加密数据精度较高。但是无论是 MapMatrix 航摄软件还是 Pix4Dmapper 软件，其控制点的平均中误差都满足规范中限差要求。

表 6-2　控制点残差及中误差

空三加密	控制点最大残差（绝对值 m）			控制点平均中误差（m）	
	Error x	Error y	Error z	RMS xy	RMS z
MapMatri 软件空三加密	0.299	0.142	0.421	0.161	0.305
Pix4Dmapper 空三加密	0.027	0.022	0.265	0.0192	0.105516
规范限差	—	—	—	0.5	0.35

2. 成果对比

MapMatrix 数字摄影测量系统处理无人机数据可以得到 DEM、DOM 及 DLG 三种数字产品，但只能进行简单的数据操作，例如，在 DEM 中确定点的高程值。Pix4Dmapper 无人机数据处理平台只能得到 DOM 和 DSM 两种数字产品，DIG 的生成需要借助其他专业软件平台，但是 Pix4Dmapper 可以将图像转换为三维点云数据，通过编辑点云数据，实现获取地物点高程、量取地物距离长度、量取地面面积、在点云上量取表面积及体积（图 6-3）等功能。

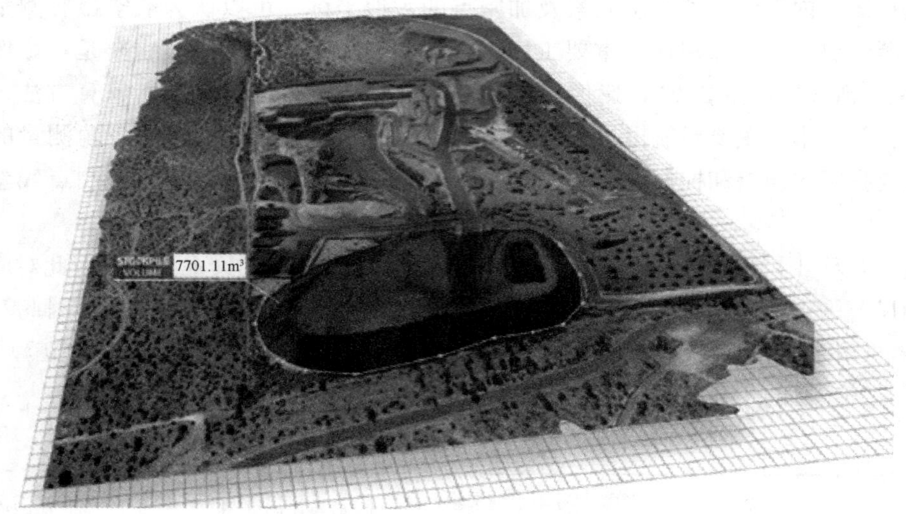

图 6-3　体积量测

第7章　总结与展望

7.1　总　结

随着测绘学科技术的不断发展，航空摄影测量由传统的光学航片进入了数码航片时代，数码航空摄影测量已成为当今测绘的发展趋势。无人机航摄系统是传统航空摄影测量手段的有效补充，具有机动灵活、高效快速、精细准确、作业成本低、升空准备时间短、操作控制容易、可使用普通数码相机的特点，在小区域和飞行困难地区高分辨率影像快速获取方面具有明显优势，可广泛应用于国家重大工程建设、灾害应急处理、资源开发等方面的测绘业务。

本书基于数字摄影测量及无人机技术的相关基础知识，利用 MapMatrix 及 Pix4Dmapper 等软件对数字摄影测量及无人机数据处理的关键技术进行了研究，对比分析了数字摄影测量系统和无人机数据处理系统处理数据的异同，并进行了精度分析。本书在整体上探究了从数字摄影测量及无人机数据获取、数据整理及处理到最后生成相关 4D 产品的过程，总结归纳为以下几点：

（1）数字摄影测数据处理流程与无人机数据处理的流程大致相同，基本的内定向、相对定向、绝对定向及空中三角测量过程是基本一致的。但是普通航摄像片与无人机数码相片拍摄条件和拍摄要求不同，普通数字摄影测量数据和无人机数据处理无论是在处理流程上还是在处理精度上都有一定的差别。

（2）数字摄影测量软件一般可以用来处理无人机数据，但是处理的过程比较繁杂，相比专业的无人机数据处理软件效率还需要提高。

（3）数字摄影测量软件对精度的控制比较灵活，在空中三角测量、内定向、绝对定向和 4D 产品的生产过程中都可以人工调整精度，并可以达到较高的精度水平。无人机数据处理流程比较简单，但是由于自动化程度比较高，可调节的精度有限，影响了软件的通用性和灵活性。

（4）当无人机数据质量较好的时候，专业的无人机数据处理软件能够高效、快速地处理无人机数据，且数据精度较高。

目前，很多数字摄影测量软件平台都已开发出专业的无人机数据处理软件系统，例如：航天远景（MapMatrix）全数字摄影平台、武汉适普软件公司的 VirtuoZo 数字摄影系统等，它们都是在数字摄影测量平台上直接处理无人机数据的软件。还有一些公司针对无人机开发了专业的数据处理平台，目前应用比较广泛的是瑞士 Pix4D 公司的 Pix4D mapper、德国 Inpho 公司的 Inpho 系统、美国鹰图公司的 Photogrammetry（LPS）等。通过本书的介绍，结合生产实际及数据质量，合理地选择无人机数据处理软件，可以提高无人机数据处理的效率和精度。

7.2 展　望

1. 数字摄影测量发展展望

数字摄影测量技术具有高效率和高精度的特点，目前在各个行业测绘中得到广泛的应用。随着科学技术的发展，与数字摄影测量技术相关的技术都得到快速的发展，在运用数字测量技术的基础上，如何结合利用新技术手段，是所有数字摄影测量技术工作者需要共同努力研究和发展的方向。数字摄影测量的发展与航空、航天技术及计算机技术的发展密不可分，同时摄影测量与遥感技术相互结合，应用范围将更加广泛，其发展趋势表现在以下几方面：

（1）数字摄影测量事实上已经进入计算机视觉的领域，数字摄影测量的进一步发展必须破除传统摄影测量的束缚，从计算机视觉的观点出发。尽管数字摄影测量与计算机视觉有差异，但是随着量测（特别是高精度量测）型的计算机视觉的需求以及数字近景摄影测量的发展，两者的学科交叉必将越来越重要。

（2）虽然数字摄影测量数据处理已经实现了“全计算机化”，内定向及相对定向、绝对定向的控制点预测等功能的自动化，但是在 DEM 编辑、DOM 编辑及 DLG 生产过程仍然需要大量的人工干预。随着计算机视觉、模式识别、面向对象的编程语言等计算机技术的发展，真正的全自动数字摄影测量系统的开发势在必行。

（3）数字摄影测量技术与遥感技术将会更加紧密地结合成为数字地球空间数据采集和更新的直接手段。经国务院批准的我国首个基础测绘中长期规划纲要提出：到 2020 年，我国要形成以基础地理信息获取空间化实时化、处理自动化、智能化，服务网络化、社会化为特征的信息化测绘体系，这是数字化测绘技术发展的必然，也是我国社会可持续发展的需要。

（4）数字摄影测量与更多的三维虚拟现实软件无缝连接，生成基于 DEM、DOM 现实地表景观，实现三维显示，为地表三维可视化分析、虚拟设计和建设提供三维可视化环境。

2. 无人机技术发展展望

无人机技术的发展虽然与数字摄影测量的发展密不可分，相互促进。但是无人机技术涉及的领域更多，具有自己的特性，其未来的发展趋势有以下几个方面：

（1）多功能及多模块化

随着科学信息技术的迅速发展，未来将实现无人机模块化、通用化、系统化。无人机未来的发展方向是一机多能，因此进行无人机系统设计时，需要优化内部结构，运用模块化技术。无人机根据任务性质采取不同的功能设备来完成任务，从而真正实现一机多能。

（2）增大航时，提高速度

目前，无人机的航行时间都很短，尤其是旋翼无人机。例如大疆无人机一般电池只能支持25min的飞行，大大限制了无人机的拍摄范围和速度。生产高空长航无人机，增加电池续航时间，提高无人机飞行速度，可以大大提高航测的范围和速度。

（3）全隐身，缩小体积

为提高无人机的便携性，小体积和隐身无人机技术成为无人机发展的另外一个趋势。其方法主要有：采用复合新型材料、雷达吸波材料及低噪声发动机；其次在无人机表面涂上能吸收红外光的特殊漆；在发动机燃料中注入红外辐射的化学制剂降低被发现的可能性；减少表面缝隙，缩小雷达反射面；最后是运用先进的等离子技术进行隐身。材料科学的不断发展，是推动无人机技术发展的动力之一，新型的材料应用于无人机技术，将大大改善无人机的体积、外观及飞行速度。

（4）实现高度智能化

当前大多数无人机在飞行中是需要人手动控制的，无人机高度智能化是指无人机自己做出决定，按照预先编制程序或指令完成预先设定的任务，同时面对突发事件自动做出反应应对出现的危险。

数字摄影测量和无人机技术在未来的发展，离不开计算机软硬件技术、材料科学以及通讯技术的发展。随着科技水平的不断进步，数字摄影测量和无人机技术向着高度智能化、自动化、高效率方向发展。而它们的快速发展对整个测绘、建筑、道路行业都有很大影响。数字摄影测量和无人机技术将会被广泛应用到地理空间数据快速采集及三维建模、建筑物快速成图和仿真设计、地质灾害实时观测和预警、道路交通监测及事故应急处理、城市整体规划设计等方面，在社会经济建设中发挥越来越重要的作用。

参 考 文 献

[1] 王佩军，徐亚明．摄影测量学（第三版）[M]．武汉：武汉大学出版社，2016.

[2] 金为铣，杨先宏，邵鸿潮，等．摄影测量学 [M]．武汉：武汉大学出版社，2003.

[3] Toni Schenk. 数字摄影测量学-背景、基础、自动定向过程 [M]．武汉：武汉大学出版社，2009.

[4] 邓非，闫利．摄影测量实验教程 [M]，武汉：武汉大学出版社，2012.

[5] 段延松．数字摄影测量 4D 生产综合实验教程 [M]．武汉：武汉大学出版社，2014.

[6] 武汉航天远景公司．DatMatrix 数码新空三系统 V1.0 说明书．2010.

[7] 武汉航天远景公司．MapMatrix 处理 A3 空三后数据操作手册．2008.

[8] Pix4D 公司．Pix4Dmapper 中文简易操作手册 [EB/QL]．[2017-3-18]．https：//pix4d. com. cn /wp-content/uploads/2017/03/Pix4Dmapper-manual-V2. pdf.

[9] 史文旭．无人机测绘数据处理关键技术及应用探究 [J]．智能城市，2018（6）：49-50.

[10] 孙光影．无人机低空摄影测量数据处理及应用 [J]．中国科技投资，2018（11）：322.

[11] 张惠均．无人机航测带状地形图的试验及分析 [J]．测绘科学，2013（5）：100-101，105.

[12] 王俊．无人机航空摄影的空三评价分析 [J]．甘肃科技，2011（7）：41-43.

[13] 何敏．无人机倾斜摄影测量数据获取及处理探讨 [J]．测绘与空间地理信息，2017（7）：77-79.

[14] 谢元礼，欧建中．自动空中三角测量应用初探 [J]．测绘通报，1998（7）：7-10.

[15] 张朝慧．采用低空摄影测量技术的校园 4D 产品制作 [D]．沈阳：沈阳建筑大学交通学院，2018.

[16] 李坤．基于低空高分辨影像生成 4D 产品的关键技术研究 [D]．沈阳：沈阳建筑大学交通学院，2018.

[17] 张蕾．国内外无人机发展趋势及关键技术 [J]．电讯技术，2009（7）：89-92.

[18] 李忠强，王瀚宇，刘婷婷，胡斌．基于 Pix4Dmapper 的无人机数据自动化处理技术探讨 [J]．海洋科学，2018（1）：39-44.

[19] 刘葛．基于 Matrix 软件系统正射影像图的研究 [D]．昆明：昆明理工大学国土资源工程学院，2014.

[20] 付博辰．简述现代无人机技术研究现状和发展趋势 [J]．信息化技术应用，2018（1）：26-29.

[21] 周建民，康永，刘蔚．无人机导航技术应用与发展趋势 [J]．中国电子科学研究院，2015（3）：274-277.

[22] 曹志伟．无人机技术研究现状和发展趋势 [J]．民营科技，2017（4）：57.

[23] 张韶华．数字摄影测量数据获取、管理和应用集成系统的研究 [D]．郑州：中国人民解放军信息工程大学，2003

[24] 卢晓攀．无人机低空摄影测量成图精度实证研究 [D]．徐州：中国矿业大学，2014

[25] CH/Z3004—2010. 低空数字航空摄影测量外业规范 [S]．国家测绘局，2010.

[26] Faraj Alhwarin. Improved SIFT-Features Matching for Object Recogniton [C]．International Academic Conference on Visions of Computer Science，2008：179-190.

[27] 史占军，于志忠，郭志强．无人机摄影测量在 1：2000 地形图的应用 [J]．吉林地质，2011，33（3）：133-136.

[28] 王秋英，王靖超．无人机低空摄影测量成图精度实证研究 [J]．城市建设理论研究．2015，5（36）．

[29] 他光平．无人机遥感数据处理及其精度评定 [D]．兰州：兰州交通大学，2016.

[30] 谭燕．基于非量测数码相机的近景摄影测量技术研究 [D]．长沙：中南大学，2009.

[31] 丁进选，王斌．多基线数字近景摄影测量在建筑立面提取中的应用 [J]．测绘通报，2012（6）：47-50.

[32] 王成龙．数字近景摄影测量在山地矿区变形监测中的应用研究［D］．焦作：河南理工大学，2009.
[33] 何敬．基于点线特征匹配的无人机影像拼接技术［D］．成都：西南交通大学，2013.
[34] 张潘．无人机遥感影像数据处理在生产中关键环节研究［D］．成都：成都理工大学，2016.
[35] 李德仁，李明．无人机遥感系统的研究进展与应用前景［J］．武汉大学学报·信息科学版，2014，39（5）：505-511.
[36] 李德仁．摄影测量与遥感的现状及发展趋势［J］．武汉测绘科技大学学报，2000，25（1）：1-5.
[37] 何少林．基于无人机遥感影像的土地信息提取及专题图制作研究［D］．成都：西南交通大学，2013.
[38] 姜丙波，等．高精度 POS 在无人机航摄大比例尺测图中的应用［J］．测绘通报，2017 增刊：30-32.
[39] 刘小明，等．基于全数字摄影测量系统的数字正射影像图的制作［J］．测绘科学，2010（4）：198-199.
[40] 王俊．无人机航空摄影的空三评价分析［J］．甘肃科技，2011（7）：41-43.
[41] 何敏，等．无人机倾斜摄影测量数据获取及处理探讨［J］．测绘与空间地理信息，2017（7）：77-79.
[42] 王之卓．摄影测量原理［M］．武汉：武汉大学出版社，2007.